Ruth Urban (Hrsg.)
Bestens gerüstet als Coach und Trainer
Positionierung, Akquise, PR und mehr

www.junfermann.de

blogweise.junfermann.de

www.facebook.com/junfermann

twitter.com/junfermann

www.youtube.com/user/Junfermann

www.instagram.com/junfermannverlag

RUTH URBAN (Hrsg.)

BESTENS GERÜSTET ALS COACH UND TRAINER

POSITIONIERUNG, AKQUISE, PR UND MEHR

Junfermann Verlag
Paderborn
2018

Copyright	© Junfermann Verlag, Paderborn 2018
Coverfoto	© Evgeny Karandaev – iStock
Covergestaltung / Reihenentwurf	JUNFERMANN Druck & Service GmbH & Co. KG, Paderborn
Satz & Layout	JUNFERMANN Druck & Service GmbH & Co. KG, Paderborn

Bibliografische Information der Deutschen Nationalbibliothek   Die Deutsche Nationalbibliothek verzeichnet diese Publikation in der Deutschen Nationalbibliografie; detaillierte bibliografische Daten sind im Internet über http://dnb.d-nb.de abrufbar.

ISBN 978-3-95571-755-1
Dieses Buch erscheint parallel als E-Book.
ISBN 978-3-95571-756-8 (EPUB), 978-3-95571-758-2 (PDF),
978-3-95571-757-5 (MOBI).

Inhalt

1. | Was Sie mit diesem Buch anstellen können

Das Telefon vibriert. Eine Kundin ruft an, die vertraut fröhliche Stimme klingt gedämpfter als sonst. „Ruth, jetzt stell dir vor: Ich habe mich so gefreut! Da ruft doch dieser Redakteur an und will einen Artikel von mir! Es ist *das* Fachblatt, das alle meine Klienten lesen. Das Gespräch war super und … naja, ich wollte dich anrufen, aber ich dachte, ich bekomme das auch alleine hin. Und jetzt ist der Artikel da und sie haben überhaupt nichts von dem abgedruckt, was mir wichtig war! Ich bin richtig sauer. Was habe ich nur falsch gemacht …?"

Ich sehe ihr entrüstetes Gesicht vor mir, weiß genau, dass die Augen jetzt funkeln und ich leicht Öl ins Feuer gießen könnte. Was tun? Ich entscheide mich für einen humorvollen Satz zum Thema „Pressefreiheit". Kurz erläutere ich den Unterschied zwischen Namensartikel und PR und wir schauen, was der Artikel trotzdem für meine Kundin Gutes tun kann.

Dieses Beispiel steht stellvertretend für viele Fälle, in denen Coaches und Trainern mehr abverlangt wird als Erfahrung und Methodenkompetenz. Wie bei allen Selbstständigen (und Solo-Unternehmern) gilt es, jeden Tag zig unternehmerische Entscheidungen zu treffen. Viele davon betreffen die Außendarstellung.

In den meisten Branchen werden solche Entscheidungen intuitiv gefällt, ohne große Reflektion – oder die Dinge werden einfach ausgesessen. Coaches und Trainer ticken da deutlich anders. Stets voller Neugierde und wiss- und lernbegierig wollen sie sich wenigstens halbwegs ein Bild von der Materie machen. Aber für jede Fragestellung einen Profi suchen und befragen? Unmöglich. Also sind sie fleißig, recherchieren, lesen und fragen, belegen Online-Kurse. In dieser Zeit coachen und trainieren sie jedoch nicht, und mangels profunden Wissens gehen sie Themen oft von der falschen, von der aufwendigeren Seite an.

So werde ich z. B. nach Maßnahmen zur Suchmaschinenoptimierung (SEO) gefragt, bevor überhaupt eine Positionierung steht. Blogs, die erst drei oder vier Artikel aufzuweisen haben, werden bereits beworben und teure Datenbankeinträge gebucht, ohne dass ein vernünftiges Portraitbild vorhanden ist. Auch wird Geld für Plakate in der S-Bahn ausgegeben, ohne eine Idee, wie nachzuhalten ist, ob sich diese Aktion je lohnen wird.

Online-Kurse, Challenges und kostenloser Content finden sich im Netz zu fast jedem Thema. Selbst wenn die Inhalte gut und sinnvoll aufbereitet sind, sind sie nur selten auf die Bedürfnisse von Coaches und Trainern abgestimmt, eine Zielgruppe, mit der die jeweiligen Anbieter meist nur wenig Erfahrung haben. Für die Coaches und Trainer kommt dann der Transfer auf das eigene Geschäftsmodell als eine weitere Herausforderung hinzu.

Mir ist wichtig, dass meine bisherigen und neuen Kunden die Chance haben, möglichst viel gewinnbringenden und für sie nutzbaren Input zu sammeln: Dass sie gewisse (Marketing-)Begrifflichkeiten von Grund auf verstehen, um dann zu entscheiden, ob sie ein Projekt selbst anpacken oder einen Profi hinzuziehen wollen.

Mir kam dann die Idee, jeweils ein Thema an einem Tag zu vertiefen. Grob nach dem Schema: morgens Theorie, nachmittags Praxis. So, dass die Umsetzung der Theorie auch direkt angepackt wird. Das Ganze in einer sehr kleinen Gruppe, die sich gegenseitig befruchtet und über ein Jahr an einer Vielzahl von Themen gemeinsam wachsen darf.

Die „Best-Practice-Reihe" war geboren und erste Inhalte waren schnell gefunden. Dafür reichten ein Blick in die Unterlagen und etwas Brainstorming über immer wiederkehrende Themen. Zudem fand ich glücklicherweise Profis, die vieles von dem, was nachgefragt wurde, weitaus besser beherrschen als ich und auf ebenso profunde Erfahrungen mit Coaches und Trainern zurückgreifen können. Sie sind nicht nur bereit, sich in heißen Diskussionen von den Teilnehmern „grillen" zu lassen, sondern auch in der Lage, auf jede einzelne Positionierung einzugehen und Ideen für die Teilnehmer einzubringen.

Aus dieser „Best-Practice-Reihe" speist sich dieses Buch. Es dient Ihnen hoffentlich als Nachschlagewerk für viele Themen, die immer wieder in Ihrem Alltag auftauchen, seien es Honorarsätze, Akquise, Social Media oder Büroorganisation. Es sollte Ihnen auch eine gute Basis schaffen für die Zusammenarbeit mit Profis (Werbeagentur, Steuerberater, Webdesigner …). Sie können so hoffentlich mehr aus Ihrer Profession „herausholen" und gleichzeitig Ihrer Wissbegierde frönen. Last but not least hoffe ich, dass Sie neue Impulse erhalten, deren Umsetzung Sie einfach reizt.

Viel Freude dabei wünscht Ihnen

Ruth Urban

2. Kundennutzen einmal anders: Fokus auf das, was nur Sie leisten können

(Ruth Urban)

Bei der Ankündigung, die Best-Practice-Reihe mit dem Thema Kundennutzen zu starten, schaue ich in wenig begeisterte Gesichter, das eine oder andere Gähnen wird nur schlecht unterdrückt. Auch die Wikipedia-Definition (abgerufen am 11.11.2017) sorgt nicht für Begeisterung: „Der **Kundennutzen** (englisch *Customer Value, Customer Utility*) ist der von einem Kunden mit dessen Kaufentscheidung tatsächlich wahrgenommene Nutzen. Es gilt: Ein Kunde entscheidet sich unter Wettbewerbsbedingungen immer für den Anbieter, der ihm den höchsten, von ihm tatsächlich wahrgenommenen Nutzen bietet. Der Kundennutzen ist damit eine der zentralen Orientierungsgrößen des Marketings." Natürlich wissen alle, wie wichtig es ist, dem Kunden einen Nutzen klarmachen und bieten zu können. Aber genau das ist es: Das Thema ist alt, jeder hat bereits x-fach davon gehört.

In meinen Workshops mache ich immer wieder zwei Fraktionen aus: Nach dem Kundennutzen gefragt, den sie bieten, erzählen die einen begeisterte Geschichten ihrer Klienten, die jetzt ohne Flugangst, ohne Blockaden bei Fremdsprachen oder mit mehr Selbstliebe durch das Leben gehen. Die andere Fraktion fühlt sich bei der Frage wie „der Ochs vorm Berg" und kann nicht fassen oder gar zusammenfassen, welchen Nutzen ihre Kunden haben.

Und das Verrückte ist: Beide Fraktionen sind auf der richtigen Spur. Denn was der Kunde nach dem Coaching oder Training wirklich als Nutzen wahrnimmt, das ist für uns schwer herauszufinden. Noch schwerer ist es, das in ein passendes Angebot zu gießen und dies so zu formulieren, dass es zukünftig genau den einen einzigen richtigen Kundennutzen enthält.

Natürlich ist es für die Kunden nützlich, wenn sie ohne Ängste fliegen oder sprechen können oder sich selbst mehr lieben. Aber dieser primäre Nutzen ist etwas vorschnell festgestellt. Was, wenn die Flugangst zur Begeisterung für das Fliegen mutiert oder das Akzeptieren des eigenen Ichs zur großen künstlerischen Karriere führt? Kundennutzen ist dafür ein sehr schnöder Begriff. Und jeder Kunde ist anders und sieht einen anderen Nutzen für sich. Das gilt auch dann, wenn für Sie als Coach das „Beseitigen von Ängsten" in vielen Fällen nach einem ziemlich überzeugenden Nutzen aussieht …

Der Kunde, der das Coaching oder Training bei Ihnen erwerben will, hat zu diesem Zeitpunkt im besten Fall eine grobe Idee, was sein Nutzen sein wird. Woher soll er auch vorher wissen, ob diese Dienstleistung seinen Erwartungen entspricht, wie erfolgreich das Coaching auf lange Sicht sein wird und welche Folgen es hat? Ganz einfach zusammengefasst: Der Kunde geht eine Wette darauf ein, dass seine Entscheidung für Sie die richtige war.

Was also tun mit diesem wichtigen, aber schwer zu fassenden Begriff „Kundennutzen"? Ihn einfach ignorieren ist keine Lösung! Mein Vorschlag ist, sich dem Kundennutzen von Ihrer eigenen Seite aus zu nähern: Wir rücken in den Mittelpunkt, was Sie leisten können. Diesen Nutzen näher zu bestimmen und aufzubereiten ist eine spannende Sache. Mir haben auf diesem Weg zwei amerikanische Kollegen samt ihren wunderbaren Büchern geholfen und ich war so frei, diese Methoden miteinander zu verbinden. Gehen Sie mit mir auf die Suche nach Ihrem ganz persönlichen Kundennutzen:

2.1 Vergessen Sie nie Ihr „Wozu?"

Simon Sinek ist Ihnen möglicherweise auch schon durch sein großartiges TED-Video aufgefallen, eines der besten der gesamten Serie: „Start with Why" lautet sein Appell, ebenso der Titel seines Buches. Kernaussage ist, dass es nicht darum geht, *wie* wir als Unternehmer etwas tun (Methoden), sondern *wozu*. Sinek zeigt u. a. auf, was passiert, wenn Firmen aus den Augen verlieren, wofür sie eigentlich angetreten sind; bei Apple war es z. B., einen Computer für jedermann zu erschaffen.

Das Video ist sehr eindringlich und hilft, sich „einzugrooven" bei der Überlegung, warum uns die Arbeit als Coach oder Trainer so wichtig war, dass wir sie in den Mittelpunkt unseres Schaffens stellen wollten. Das – nennen Sie es ruhig Vision – ist, was Sie bewegt und dauerhaft trägt, nicht das Streben nach einer höheren Auslastung oder dem Generieren von passivem Einkommen.

Fragen Sie sich: Was wollten Sie bewegen, was war Ihre Absicht und was wollten Sie erreichen, als Sie mit Ihrer Profession begonnen haben? Es ergibt durchaus Sinn, diese Bestimmung kurz vorzubereiten, zu notieren und sich dann hinzustellen (ja, hinstellen!) und den Satz laut auszusprechen. Sie werden sehen, ob Sie das hinbekommen oder ob es sich komisch anfühlt oder anhört. Eine Mini-Aufstellung sozusagen.

Beispiel einer Teilnehmerin

Eine Teilnehmerin der ersten Best-Practice-Runde stellt fest, dass bei ihrem Ex-Arbeitgeber das „Wozu?" vollkommen verloren gegangen war. Das bestärkte sie in ihrem Entschluss, aus diesem Angestelltenverhältnis auszusteigen. Sie hätte es damals nicht so formulieren können, erspürte aber, dass bewährte Werte verloren gegangen waren und sie viele Entscheidungen nicht mehr mittragen wollte. Letztendlich führte dies zu ihrem Ausstieg und zu dem Wunsch, zukünftig wieder mit einem klaren und sinnvollen „Wozu" zu arbeiten.

Das ist sicher für viele Menschen der Grund, den Ausstieg aus einer Konzern-Matrix oder einem größeren Unternehmen zu wagen. Aber nicht jeder wird gleich Coach ...

Besinnen Sie sich immer wieder auf diese Worte, denn das „Wozu" ist glitschig und entgleitet Ihnen ganz gerne. Aber es ist das, was Ihr Geschäft trägt. Damit dieses „Wozu" Sie standhafter macht, rücken wir ihm noch ein wenig näher und konkretisieren, wie Sie diese Absicht besser umsetzen können.

2.2 So finden Sie Ihr optimales „Arbeits-Ich": Die Drei-Wort-Übung

Mit dieser Übung erhalten Sie drei Worte, die ein kleines Wunder bewirken können. Wenn Sie sie nämlich ernst nehmen, können sie Ihnen als Kompass dienen. Ausgehend von Ihrem „Wozu" nach Sinek beschreiben Sie damit die Beziehung zu Ihren Klienten. Die genaue Formel zur Erarbeitung dieser drei magischen Worte lautet:

Suchen Sie sich drei Worte, die beschreiben, wie Sie im optimalen Fall im Umgang mit Ihren Kunden sein wollen. Welche drei Worte würden das beschreiben?

Noch mal anders ausgedrückt: Drei Worte, die beschreiben, wie Sie es lieben würden, über sich in Ihrer Arbeit als Coach oder Trainer zu denken. Eine Teilnehmerin verkürzte das sehr schön auf: „Wie ich mit meiner Arbeit optimalerweise wahrgenommen werden möchte." Ich kürze auf: die beste Version Ihres Selbst.

Achten Sie darauf, dass Sie dabei ausnahmsweise nicht – wie im klassischen Marketing – aus Sicht des Kunden schauen, sondern nur Ihre eigene Sicht einbringen. Da es nicht Ihr Job ist, der beste Freund Ihres Kunden zu sein (sondern nur der beste Coach), kann das ganz schön divergieren.

Und wenn Sie noch sehr unsicher sind und spontan gar keine Idee haben, wie die drei Worte lauten könnten, dann nehmen Sie sich Ihr „Wozu" und leiten von dort aus ab, wie Sie auftreten und handeln müssten, um zu erreichen, was Sie sich vorgenommen haben.

Aber auch, wenn Ihnen sofort Worte durch den Kopf schießen: Diese Arbeit verlangt einen etwas längeren Prozess – inhaltlich und sprachlich. Schärfen Sie die Worte, hören Sie genau hin, nutzen Sie die Suche nach Synonymen und fragen Sie sich immer wieder: Ist es genau das? Treffen diese drei Worte es schon?

Ihr Feind ist hier die allgemeine Aussage. Ich habe noch keine zwei Coaches oder Trainer gesehen, die nach reiflicher Überlegung zwei oder gar drei identische Worte hatten. Schließlich sind sie keine eineiigen Zwillinge …

Daher „lohnt" es sich nicht, drei Worte zu nehmen, die beschreiben, was Sie heute schon durchgehend gut ausüben. Legen Sie die Latte hoch, holen Sie sich durch diese drei Worte Ihren täglichen Ansporn. Etwas, woran sie sich messen können. Dann können diese drei Wort unheimlich hilfreich sein. Einige meiner Kunden nutzen diese Leitworte wie eine Art Mantra vor jedem Kundengespräch, Netzwerktreffen und Training.

Diese fantastische Übung habe nicht ich mir ausgedacht, sondern sie findet sich im Buch „The Charge" von Brendon Burchard. Er hat sie um eine schöne Erweiterung ergänzt, die ich – sozusagen als Fingerübung – auch gerne empfehle. Denn Sie können diese Drei-Wort-Übung auch in Bezug auf Ihren Freundeskreis, Ihre Familie oder Ihren Partner durchführen. Suchen Sie auch dort nach den drei Worten, die Sie gerne „realisieren" würden. Diese Erweiterung kann Ihnen helfen, konstante Lebensthemen oder Unterschiede zu erkennen. Und funktioniert prima im Abgleich zu den drei Worten für Ihre Klienten. Und wieder: Denken Sie nicht daran, was sich Ihr Vater, Ihre Kunden oder Ihr Partner wünschen – Ihre Sicht, Ihr eigentlicher Wille ist gefragt.

Ihre drei Worte im Hinblick auf Ihre Kunden sind:

Fragen Sie sich künftig am Ende eines jeden Tages: „Habe ich die drei Worte mit Leben gefüllt?" Oder haperte es vielleicht immer wieder mit einem und demselben Wort? Kümmern Sie sich um Ihre Worte, die auch für alle weiteren Kapitel hilfreich sein werden. Nehmen Sie sich deshalb die Zeit, um sich Ihren Worten anzunähern, sie auszuprobieren und ihnen „nachzueifern".

Diese Worte werden dann dafür sorgen, dass Sie gut über sich denken und dementsprechend handeln. Wenn Sie wissen, wie Sie eigentlich agieren wollen und das einmal für sich (vielleicht auch visuell ansprechend) definiert haben, dann werden Sie ganz automatisch an ihnen wachsen und sich an ihnen aufrichten.

Mein Beispiel

Eines meiner Worte ist langmutig (Langmut → langmütig). Das steht für mich in erster Linie für Geduld und Mut, und zwar zu gleichen Anteilen. Das Wort verhindert einerseits, dass ich mich zu sehr auf zu viel Geduld ausruhe, und sorgt andererseits dafür, dass ich gegen Ungeduld kämpfen muss.

Bei Wikipedia fand ich für Langmut folgende Definition: „altertümlich für Geduld". Das passt wunderbar zu mir, lese ich doch beispielsweise eher gedruckte Bücher als Texte auf einem E-Book-Reader.

Und jetzt kommt der besondere Kniff: Die Drei-Wort-Übung kann Ihnen helfen, jederzeit im besten Sinne wahrgenommen zu werden. Dies ist keine Trockenübung! Wenn Sie richtig, kontinuierlich und stringent kommunizieren wollen, muss bei Ihnen in Zukunft *alles* drei-Wort-gerecht sein. Sie können sich die drei Worte als „Ideal- oder Wohlfühlgewicht" für Ihr Unternehmen denken. Um dieses Gewicht zu halten, müssen Sie sich selbst gut ernähren, ausreichend trinken, gut auf sich achten, genießen können und hin und wieder auch Sport treiben. Was heißt das nun übersetzt?

Nicht nur Ihre Arbeit mit den Kunden oder Ihr Auftreten im Netzwerk, auch Ihr Marketing, Ihre gesamte Kommunikation mit den Kunden und sogar Ihre Kleidung sollten zu Ihren drei Worten passen. Sie werden feststellen, dass Sie auf diese Weise eine Übereinstimmung herstellen, die Sie sehr glaubwürdig macht.

Mein Beispiel

Das Streben nach „langmutig" bedeutet für mich, dass ich mir auch in der alltäglichen Kommunikation Zeit für meine Kunden nehme. Dass ich versuche, motivierend, mutig und innovativ zu sein, auch wenn der Kunde gerade eher reaktiv gestimmt ist. Für meine Werbung heißt das auch, dass ich keine kurzfristigen Effekte erzielen will – auch meine Kundenbeziehungen sind auf Dauer angelegt. Ich fördere den ständigen Austausch, auch über Jahre hinweg.

Das gelingt mir alles längst noch nicht immer, aber ich bleibe dran …

Wenn Sie mit Ihren drei Worten in einen kontinuierlichen Dialog treten, wird klarer erkennbar, wofür Sie stehen und was von Ihnen zu erwarten ist: Die Wahrnehmung des Kundennutzen steigt. Der rote Faden, ausgehend vom „Wozu", das mithilfe der drei Worte in jeder Handlung für den Kunden gut exekutiert wird, führt dazu, dass der Kunde eine Authentizität und Kongruenz spürt, die Sie glaubhaft und vertrauenswürdig machen. Und die gerne honoriert werden.

3. | „Kundenansprache": Können die Menschen bei Ihnen andocken?

(Ruth Urban)

Auf den ersten Blick (in die Gesichter der Workshop-Teilnehmer …) ist Kundenansprache ein ähnlich langweiliges Thema wie Kundennutzen. Erstere hat allerdings einen Vorteil: Sie kann in einen erhellenden Dialog und Aufträge münden!

Zur zeitgemäßen Kundenansprache kursieren viele Schlagwörter: emotional, individuell und möglichst noch personalisiert. Wie soll das gehen? Ich habe mich an einer Formel versucht, die als Ausgangspunkt Ihre drei Worte (s. Kapitel 2, „Kundennutzen") hat. Verstärkt durch die Erfahrungen aus jedem einzelnen Kundengespräch ergeben diese eine Kundenansprache, die Ihre Kunden anzieht und an Sie bindet.

Drei Worte x Kundenerfahrung = Kundenansprache

Formelumsetzung mit Ihren drei Worten

$$\frac{\overline{\rule{8em}{0pt}}}{\overline{\rule{8em}{0pt}}} \quad \times \quad \text{Summe der Kundenerfahrungen} \quad = \quad \text{Kundenansprache}$$

Exkurs Kundenerfahrung

Kundenerfahrung können Sie gar nicht genug bekommen, und deshalb muss ich hier ein paar Sätze einschieben. Mit Kundenerfahrung sind nicht nur Aufträge gemeint, sondern alle Einblicke, die Sie durch Kunden und Interessenten erhalten. Um diese Erfahrungen zu sammeln, brauchen Sie keine Marktforschung, keine teuren Tools oder spezielle Methoden. Jedes einzelne Gespräch macht Sie klüger. Zuhören, gute Fragen stellen – und schon sind Sie wieder reicher an Erfahrungen und voll von unglaublichen Geschichten, die das Leben so schreibt und die Sie als Beispiele weitergeben können.

Sie werden auch weiser, wenn Sie im Gespräch bleiben, denn dann bemerken Sie Veränderungen frühzeitig. Mit Ihren drei Worten als Basis, potenziert mit der

Kundenerfahrung, wird Ihre Kundenansprache immer stärker. Die drei Worte sind dann Ihr Korrektiv.

Ihre Website zeigt am schnellsten, inwieweit Sie die Kundenansprache bereits beherrschen. Wie gut können Ihre Kunden schon dort andocken? Je intensiver Sie sich mit dieser Frage beschäftigen, umso mehr Fragen drängen sich Ihnen auf, wenn Sie daran gehen, eine neue Website zu konzipieren oder die bestehende zu überarbeiten.

Die folgende kurze Check-Liste verteile ich im Workshop und fordere die Teilnehmer auf, sie schnell und ohne lange nachzudenken auszufüllen.

Checkliste:

Was habe ich? Was brauche ich noch? Und was habe ich in welchem Zustand

	Habe ich		Passt	
	schon	noch nicht	schlecht	gut
Design				
Fotos / Bildauswahl				
Farben				
Stil / Formen				
Aufbau / Usability				
Typografie				
Responsive Design				
Inhalt / Sprache				
Sie-Ansprache				
Wortwahl				
Tonalität				
Satzbau				
Verständlichkeit				
Kürze				
Besonderheiten				
interaktiv				
barrierefrei				
mehrsprachig				
mit Multimedia				
mit Newsletter				
mit Blog				
Sonstiges				
Suchmaschinenoptimierung				
sprechende / gute Domain				
Download-Bereich / Forum				
Social-Media-Buttons				

Wer da nicht zumindest leise stöhnt, ist echt hart im Nehmen! Aber um viele dieser Themen und Überlegungen kommen Sie nicht herum. Wenn Sie jedoch gleich mit dieser umfangreichen Checkliste starten, fangen Sie entweder nie mit dem Aufbau/Relaunch an oder Sie verheddern sich in einem Stückwerk, das bis zur Fertigstellung ewig braucht.

Stattdessen würde ich eine ganz andere Herangehensweise vorschlagen. Mit einem Wort zu arbeiten, das eher mit Kunst und Natur in Verbindung steht, erscheint mir zwar ein wenig gewagt, aber dieser Begriff hat sich als ungemein treffend und hilfreich herausgestellt: **Atmosphäre** (oder gar „Aura", um mit Walter Benjamin zu sprechen). Bei aller Reproduzierbarkeit, gerade im Internet, macht es Sinn, genau hier anzusetzen:

- Welche Atmosphäre soll Ihre Website ausstrahlen?
- In welche Stimmung versetzen Sie den Betrachter?
- Lösen die Seiten eine spontane Reaktion aus?

Das halte ich für *die* entscheidenden Fragen. Und ich möchte die Parallele zur Kunst noch weiter ziehen. Wenn wir sehen, mit welch geringen Mitteln, raffinierten „Kunstgriffen" und oft sehr reduziertem Budget auf einer Theaterbühne eine Atmosphäre geschaffen wird, dann zeigen sich doch Ähnlichkeiten zum Thema Website, und der Vergleich scheint gar nicht mehr so weit hergeholt.

Eine Opernbühne, ein Grundriss, ein Kunstwerk oder was immer Sie lieben: All das kann Ihnen helfen, sich der Atmosphäre zu nähern, die Sie schaffen wollen. Ihrer Kreativität sind dabei keine Grenzen gesetzt!

Wenn wir im Workshop zum Thema Atmosphäre arbeiten, dann kommen die Teilnehmer immer schnell darauf, mit allen Sinnen vorgehen zu wollen. Eine Website können wir (noch) nicht riechen und schmecken, doch das ist gar nicht nötig, um trotzdem „Würze" oder „chemische Reinheit" o. Ä. auszudrücken. Die „Übersetzung" in Form und Farbe fällt Ihnen sicher leicht.

Dazu gibt es eine hilfreiche Übung, die besonders viel Spaß macht. Was zunächst schwierig erscheint, wurde im Seminar nicht selten in weniger als 90 Sekunden gelöst.

> **ÜBUNG**
>
> **Filme raten**
>
> Versuchen Sie, einen Kinofilm nur über Sinneseindrücke zu schildern und nicht (oder so wenig wie möglich) über Inhalte. Spielen Sie das mit Ihrem Partner, Mitgliedern Ihrer Familie oder Kollegen durch. Sie werden überrascht sein, wie wenige Informationen bei Ihrem Gegenüber die richtigen Bilder ablaufen lassen.

Diese Übung führt Sie auf die richtige Spur. Lassen Sie sich nicht von Umsetzungsschwierigkeiten beeindrucken oder Fragen der Darstellbarkeit. Wenn erst klar ist, was die Atmosphäre ausdrückt, kann sie oft mit einem einfachen Mittel verdichtet und dargestellt werden.

Websites ändern sich und möglicherweise sehen die unten aufgeführten Beispiele in zwei bis drei Jahren schon wieder ganz anders aus. Trotzdem riskiere ich es, Ihnen diese Beispiele zu nennen, denn auf mich wirkt ihre Stimmung einfach „ansteckend":

↗ http://www.bilfinger.com

↗ http://www.burmester.de

↗ http://www.gfk.com

↗ http://www.kilianjornet.cat

↗ http://www.mckeestory.com

↗ http://www.porsche.com

↗ http://www.salomon.com

Bei Burmester z. B. erlebe ich immer wieder, dass mich einige Frauen fragend anblicken, wenn sich die Seite öffnet. Die audiophilen (Männer) jedoch werden oft ganz still und ehrfürchtig. Ein leises „Oh" entweicht ihren Lippen, der Blick wird sanft und gierig zugleich …

Auch gute Print-Werbemittel können diesen Effekt bei ihrer potenziellen Kundschaft auslösen. Denken Sie nur an den IKEA-Katalog und den „Hygge"-Moment, den er auslöst.

Auch wenn Ihre Dienstleistung in optischer Hinsicht nicht so aussagekräftig ist wie Möbel oder Autos: Stellen Sie sich ein Bühnenbild vor und schaffen Sie sich eine Kulisse, die Ihr Publikum, Ihre Kunden gefangen nimmt.

4. | Die Kraft der Marketing-Matrix …
und das Geheimnis ihrer Umsetzung

(Tanja Klein & Ruth Urban)

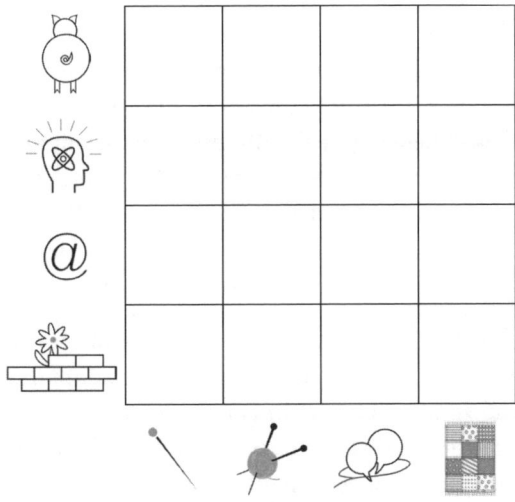

Abbildung 4.1: Die Marketing-Matrix

TANJA: Aus Problemen entstehen ja oft die tollsten Sachen. Als mir für einen Vortrag bei der International Coach Federation (ICF) nur 30 Minuten statt zwei Stunden Zeit eingeräumt wurden, zerbrach ich mir wochenlang den Kopf. Wie konnte ich in dieser kurzen Zeit möglichst viel Marketingwissen vermitteln? Wir hatten beide schon früher darüber nachgedacht, ob sich unsere beiden Bücher[1] nicht fusionieren lassen. Und jetzt entstand auf diese Weise aus der Not zwar keine Tugend, aber eine Weltneuheit!

RUTH: In beiden Büchern arbeiten wir mit einer Kategorisierung in vier Bereichen: Wir unterscheiden zwischen vier verschiedenen Möglichkeiten, sich zu positionieren, und vier verschiedene Arten, authentisch für sich Marketing zu machen. Da lag es nahe, diese wie eine Matrix anzuordnen, und Tanja wurde aktiv …

---

1   Klein, T. & Urban, R. (2012): Coach, Your Marketing; Urban, R. & Klein, T. (2016): Erfolg durch Positionierung.

TANJA: Ich wollte sofort wissen, ob diese Idee auch in der Praxis funktioniert, und probierte die „Marketing-Matrix" zunächst in etwas kleinerer Runde aus. Bereits der erste Test war ein voller Erfolg. Die Marketing-Matrix funktionierte und half meinen Coach-Kollegen dabei, viel entspannter und kreativer mit ihrer Marketing-außendarstellung umzugehen. Schnell gab es positive Rückmeldungen wie: „Das erleichtert mich jetzt total! Ich muss also gar nicht zwingend nur eine Nische finden oder in Facebook posten, wenn ich das nicht will. Es geht auch anders!"

RUTH: Ähnlich positives Feedback erhalten wir auch im Rahmen meiner Best-Practice-Reihe von den Teilnehmerinnen. Wir nutzen dieses Tool als Mittel, die Positionierung mit der Außendarstellung zu koppeln, um diese besser überprüfen und anschließend in passende Werbemittel umsetzen zu können. Die positiven Erkenntnisse und das dabei entstehende gute Gefühl möchten wir mit diesem Kapitel auch an Sie weitergeben. Und bereits an den ersten Zeilen haben Sie vermutlich schon gesehen: Dieses Kapitel ist etwas anders. Hier findet ein Dialog statt! Wer unsere gemeinsamen Bücher kennt, der weiß, dass wir sehr verschieden sind und deshalb auch unsere Andersartigkeit mit dieser Dialogform zeigen.

TANJA: Aber zurück zum Tool: Diese Matrix ermöglicht „two in one" und macht eine solide Kopf- *und* Bauchentscheidung möglich. Wir können strukturiert den Inhalt durchdenken und zeitgleich mit dem ganzen Körper die Auswirkungen dieses „Zu-Standes" via Aufstellungseffekt spüren. Damit Sie dieses Format auch ohne Seminar 1:1 umsetzen können, gibt es hier eine ausführliche Anleitung, die Sie Schritt für Schritt durch den Ablauf führt.

4.1 Zieldefinition

Als Coaches wollen wir ja gerne von unseren Coachees wissen, was deren Ziel für den Coachingprozess ist. Das ist hier nicht anders: Bitte schreiben Sie in Ihren Worten auf, wie Ihr Ziel für eine authentische Positionierung und die passende Außendarstellung für Sie aussieht:

_____

_____

_____

_____

_____

4.2 Finden Sie in Ruhe heraus, welcher Positionierungstyp Sie sind

RUTH: Für viele Coaches ist es sehr schwer zu beantworten, worauf sie sich spezialisieren wollen. Für die meisten Marketingexperten gibt es nur eine Art: Die ganz „spitze" Form der Positionierung. Und ich gebe zu: Auch ich bevorzugte diese Art für mein eigenes Business.

TANJA: Aber Coaches sind sehr vielseitig. Die wenigsten Kolleginnen haben nach dem Abitur „Coaching" studiert. Wir alle bringen das Wissen aus mindestens einem – wenn nicht fünf bis zehn verschiedenen Berufen mit. Für viele Kollegen fühlt es sich nicht gut an, dieses Wissen einfach „wegzuschmeißen" – und oft gibt es sehr sinnvolle Wege, Dinge zu kombinieren oder verschiedene Inhalte in der eigenen Selbstständigkeit anzubieten.

RUTH: Genau! Und deshalb haben wir in „Erfolg durch Positionierung" vier Wege beschrieben, wie man sich authentisch positionieren kann. Mal sehen und spüren, welche Art die für Sie passende sein könnte.

Die vier Wege, sich authentisch zu positionieren:

1. **Stecknadel-Positionierung:** Die klassische Positionierung – ganz spitz. Sie fokussieren sich auf ein einziges Thema oder eine Zielgruppe: Zum Beispiel bietet Mona Köppen „Mentales Training für Musiker" an. Sie macht Musiker mental fit für das Vorspielen, Probespielen und für Auftritte. Ihr Motto: „Ich mache Musiker wieder glücklich!"

2. **Stricknadel-Positionierung:** Im Vergleich mit einer Stecknadel ist eine Stricknadel weniger spitz – eher abgerundet. Und es kommen mindestens zwei Nadeln zum Einsatz, die für viele auch mit vielen abwechslungsreichen Aufgaben verbunden sind und in der Außendarstellung oft einen zweiten Internetauftritt benötigen. So steht z. B. Katharina Bertulats Auftritt als Coach „für Teams, die mehr wollen." Ein besonderes Anliegen ist ihr aber auch das für sich sprechende Angebot: Steh! Auf! Mann! (↗ http://www.stehaufmann.de).

3. **Roter-Faden-Positionierung:** Hier zieht sich ein roter Faden durch die Tätigkeiten und Themenfelder, so auch bei Dr. André Latz. Als Coach und Trainer (↗ http://www.team-entwicklung.net) steht er für sein Thema „Wertschöpfung durch Wertschätzung". Es zieht sich bei ihm wie ein roter Faden durch seine Führungskräfte- und Business-Knigge-Seminare, seinen Blog, und findet sich auch in seiner Doktorarbeit. Wer ihn beruflich oder auch privat kennenlernt, kommt nicht umhin zu bemerken, dass der rote Faden essenziell für ihn ist.

4. **Patchworkdecken-Positionierung:** Dieser „Flickenteppich" an Aktivitäten ist für die meisten Menschen nicht auf den ersten Blick als Positionierungsart zu erkennen. Und sicherlich werden manche mit Recht behaupten: „Das ist auch keine." Hier werden mehrere, zum Teil extrem unterschiedliche Tätigkeiten ausgeübt, die auch ganz verschiedene Zielgruppen adressieren; und dies für den Kunden ganz ohne erkennbaren roten Faden. Erst wenn man die gesamte Decke sieht, erkennt man das Muster und den Rahmen, der dieses Gesamtkunstwerk vereint: die Persönlichkeit des Menschen. Als schönes Beispiel (gleich im doppelten Sinne) finden Sie in unserem Buch Ina Rudolph. Sie arbeitet als Schauspielerin fürs Fernsehen, ist seit gut 20 Jahren ein gefragtes Fotomodell, aber auch Coach und Trainerin für die Methode „The Work" von Byrone Katie. Sie schreibt Fachbücher, sehr unterhaltsame Belletristik, illustriert ihre Buchcover selbst und hält Lesungen über Kulinarische Bücher.

RUTH: Und? Haben Sie eine für sich passende Positionierung erkannt? Bitte kreuzen Sie diese hier an:

☐ Stecknadel-Positionierung

☐ Stricknadel-Positionierung

☐ Roter-Faden-Positionierung

☐ Patchworkdecken-Positionierung

TANJA: Sie haben keine Ahnung, welcher Typ Sie sind? Dann hilft Ihnen vielleicht das dritte Kapitel in unserem Buch „Erfolg durch Positionierung" weiter. Wir empfehlen Ihnen, diese Frage VOR dem nächsten Schritt zu klären! Denn es macht keinen Sinn, sich Gedanken zu machen, wie man seine Positionierung kommuniziert, wenn man diese noch gar nicht kennt. Für alle anderen Leser kann es jetzt direkt weitergehen:

4.3 Finden Sie jetzt heraus, welcher authentische Marketing-Typ Sie sind

Schließlich sollte die Welt langsam mal erfahren, wofür Sie als Coach und Trainer stehen. Und die Art, wie und wo Sie dies kommunizieren, sollte auch zu Ihnen passen. Als Marketing-Mauerblümchen beispielsweise sollte Sie niemand dazu zwingen, dies auf dem Weg der Kaltakquise kundzutun.

Sobald Sie für sich erkannt haben, welcher Marketing-Typ Sie sind, werden Sie auch sehen, welche Marketingstrategie für Sie passt und welche Werbemittel sich für Sie anbieten und rentieren:

Die vier Marketing-Typen: Sie sind vielleicht ein/e ...

1. **Marketing-Mauerblümchen?** Dieser Typ nutzt sehr wenige Marketingmittel, hat z. B. einen rudimentären Internetauftritt und vielleicht eine selbst gemachte Visitenkarte. In der Außendarstellung sind Marketing-Mauerblümchen insgesamt sehr zurückhaltend.

2. **Netzbürger?** Dieser Typ ist sehr gerne im Internet unterwegs. Wie das Mauerblümchen verfügt er über Visitenkarte und Internetauftritt. Anders als beim „Blümchen-Kollegen" ist dieser Internetauftritt jedoch aktuell, gepflegt und sehr viel umfangreicher. Anhand der folgenden Grafik können Sie gut sehen, welche weiteren Möglichkeiten im Bereich der Social Media der Netzbürger geschickt für seine Werbung nutzt. Zum Beispiel Facebook, XING, Twitter oder neuerdings Instagram.

3. **Koryphäe?** Damit sind Sie also ein echter Experte auf einem Gebiet (siehe Stecknadel-Positionierung). Die Koryphäe setzt die Marketingmöglichkeiten des Mauerblümchens und des Netzbürgers ein und weiß sich darüber hinaus als Experte zu positionieren, z. B. als Buchautor oder gern gesehener Gast in Talkshows.

4. **Marketing-Rampensau?** Dieser Typ nutzt alle nur erdenklichen Möglichkeiten, um für sich selbst zu werben. Ob durchdacht oder ganz spontan, die Rampensau liebt das Scheinwerferlicht und ist fachlich absolut top! Sehr gerne erzählen wir von unserem sehr geschätzten Kollegen, dem „Gesichterleser" Dirk W. Eilert. Auf sein Wissen über Mimikresonanz treffen Sie regelmäßig in auflagenstarken Zeitschriften, im Radio und im Fernsehen.

RUTH: In der folgenden Grafik zeigen wir Ihnen, welche Werbemittel für welchen Typen charakteristisch sind. Selbstverständlich ist diese Auflistung nicht vollständig. Zudem muss kein Marketing-Typ alle hier aufgezählten Möglichkeiten nutzen. Sie können sich vielmehr ganz spielerisch aus diesem Angebot bedienen:

	A = Mauerblümchen	B = Netzbürger	C = Koryphäe	D = Rampensau
Marketing-Instrument	Flyer	(Flyer)	(Flyer)	Flyer
	Internet-Visitenkarte	Internetauftritt	Internetauftritt	Internetauftritt
	Visitenkarte	Visitenkarte	Visitenkarte	Visitenkarten-nutzung zu Werbezwecken
		Twitter	Twitter	Twitter
		Blog	Blog	Blog
		E-Newsletter	E-Newsletter	E-Newsletter
		XING, Facebook ...	XING, Facebook ...	XING, Facebook ...
			YouTube	YouTube
			Vorträge	Vorträge
			Bücher	Bücher
			Zeitschriften	Zeitschriften
			Seminare	Seminare
				Teebeutel mit Werbeaufdruck verteilen
				TV-Auftritt
				Kooperationen mit einem Nagelstudio
				Karnevalskostüm mit Werbung
				Autowerbung

Abbildung 4.2: Welcher Marketing-Typ nutzt welche Werbemittel?

Falls Sie jetzt schon eine Idee haben, welcher Marketing-Typ Sie sind, sehr gut. Dann kreuzen Sie diesen bitte hier an:

- Marketing-Mauerblümchen
- Netzbürger
- Koryphäe
- Marketing-Rampensau

Tanja: Nicht jeder weiß sofort, welcher Typ er ist. Bei Bedarf steht Ihnen unser Marketing-Typentest „I am" aus unserem ersten Buch „Coach, your Marketing" (S. 52 f.) zur Verfügung. Hier können Sie anhand ausgeklügelter Fragen Ihre Einstufung finden.

4.4 Bitte entwerfen Sie Ihre ganz persönliche Marketing-Matrix

Beschriften oder bemalen Sie hierfür acht Blätter oder Karteikarten mit den jeweils acht Begrifflichkeiten (Stecknadel, Stricknadel, roter Faden, Patchworkdecke, Marketing-Mauerblümchen, Netzbürger, Koryphäe, Rampensau) und legen Sie diese auf dem Boden so aus, sodass sich dieses Bild ergibt:

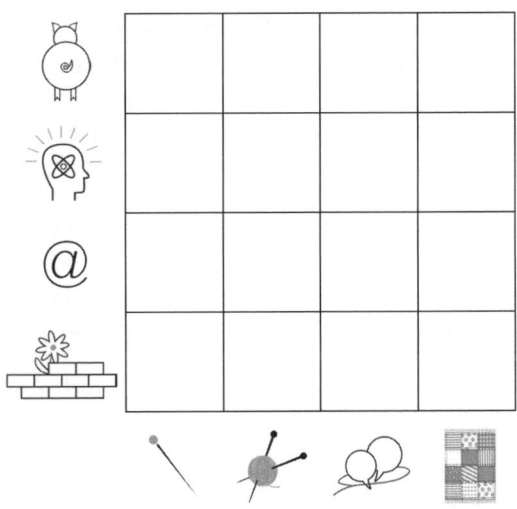

Abbildung 4.3: Marketing-Matrix, Aufstellungsversion

4.5 Ihr „Eintritt" in die Marketing-Matrix

Spüren Sie, wo Sie jetzt genau in diesem Moment in Ihrem Marketing stehen!

RUTH: Wenn Sie sich zweimal gut selbst einschätzen konnten, wissen Sie nun, wo Ihre Position in der Marketing-Matrix ist. Zur Sicherheit noch ein Beispiel: Wenn z. B. Ihr erstes Kreuz bei Roter-Faden und das zweite bei Marketing-Mauerblümchen war, wäre Ihre richtige Positionierung in der untersten Reihe im dritten Feld.

Jetzt darf der Kopf eingesetzt werden und der ganze Körper darf spüren: Mit Ihrem Ziel im Kopf (Punkt 1) steigen Sie jetzt ganz bewusst in das eine Feld und spüren Sie einfach mal eine Minute ganz in Ruhe, wie es sich hier anfühlt. Stehen Sie stabil? Oder wackeln Sie hin und her? Fühlen Sie sich in diesem Feld unwohl und wollen vielleicht lieber noch andere Felder ausprobieren? Gehen Sie ganz spielerisch damit um. Es gibt kein Richtig oder Falsch. Es gibt nur die für Sie jetzt am besten passendste Position in der Matrix.

TANJA: Wichtiger Tipp: Achten Sie darauf, dass Sie die richtige Frage im Kopf haben. Es kann nämlich gut sein, dass drei verschiedene Positionierungen sich richtig anfühlen, denn Sie können sich auch drei Fragen stellen: Bei welcher Art der Positionierung und bei welchem Marketingtyp werden Sie besonders zufrieden (1), besonders reich (2) oder besonders berühmt (3)?

RUTH: Natürlich können Sie diese Übung auch nur im Kopf durchführen, aber ganz ehrlich: Da fehlen Ihnen 80 % des Effekts. Der Körper spürt einfach viel besser, wo der richtige Platz ist. Der Verstand hilft da nicht halb so gut weiter. Und das sage ich als „Nicht-Coach", die anfänglich mit all diesen Coachingformaten so gar nichts anfangen konnte …

Umsetzungs-Geheimnis Nr. 1:
Blockaden und behindernde Glaubenssätze beseitigen

TANJA: Zu der Umsetzung in geeignete Werbemittel und zum Dranbleiben an der Weiterentwicklung der Außendarstellung gehören natürlich mehr als nur Disziplin und ein Quäntchen Glück. Erst in der Umsetzung erweist sich, wo es hapert und was besonders schwerfällt. In der Regel werden weniger die Fragen nach dem richtigen Dienstleister oder dem gut formulierten Angebot zum Stolperstein, sondern der eigene Kopf macht nicht, was er soll. Auch wenn sich das Ziel noch so gut anhört, irgendetwas blockiert Sie. Sie kommen nicht vom Fleck. Auch unsere Teilnehmer kennen das. Teilweise zeigt sich schon bei der Aufstellung in der Marketing-Matrix, dass sich eine Rampensau ab und an mit der Fußspitze beim Marketing-Mauerblümchen ausruhen will. Und immer dann ist Tanjas oder mein Einsatz bei unseren Kunden gefragt.

Tanja: Denn ehrlich gesagt gibt es noch zwei weitere Felder innerhalb der Marketing-Matrix, die wir nicht erwähnt haben … Das vollständige Bild sieht so aus.

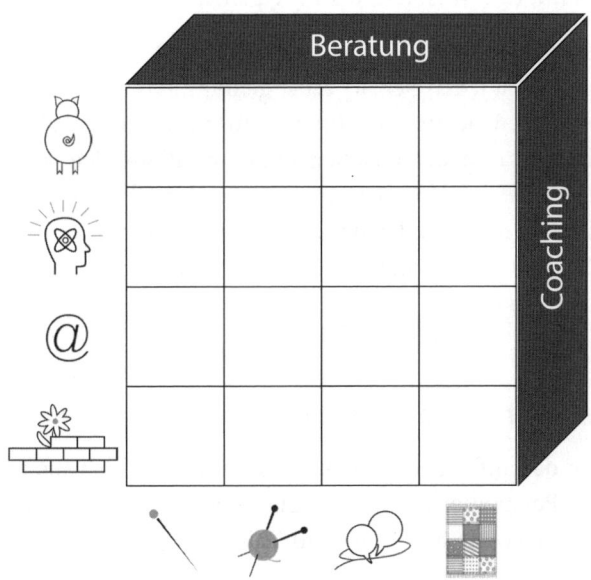

Abbildung 4.4: Die vollständige Marketing -Matrix

Sie sehen, Beratung und Coaching ergänzen das Bild, denn oft geht es einfach nicht ohne. Wir selbst stehen uns definitiv zu gerne im Weg ☺.

Ruth: Wenn aber das Coaching, z. B. zum Thema „Selbstwert", fruchtet, so wird schon nach einer einzigen Coachingsitzung mit Tanja aus einem Marketing-Mauerblümchen eine Rampensau. Das ist uns damals in der Schweiz mit der Coaching-Ausbilderin Gerda Ehrlich passiert. Vorher war sie äußerst zurückhaltend mit ihrer Außenwerbung, danach lief sie freiwillig mit einer Brille rum, auf deren Brillenbügel sich ihre Internetadresse fand. Und das ist nur ein Beispiel …

Tanja: Wenn aber Expertise und Erfahrung im Marketing fehlen, hilft manchmal auch die beste Coachingmethode nicht weiter. Als Coach braucht man dann einen Experten, der eine Sicht von außen ermöglicht und aufzeigen kann, dass zum

Beispiel eine Patchworkdecken-Positionierung nur unnötige Kosten und einen viel zu großen Zeitaufwand verursacht. Dann aus ganz unterschiedlichen Inhalten und Facetten eine sinnvolle Stecknadel zu schmieden ist dann die Kunst, die Ruth beherrscht. Und dies ist im Fall von Mona Köppen (↗ http://www.ichbinmusik.de) besonders eindrucksvoll gelungen. Mit ihrem mentalen Coaching für Musiker kann sie all ihre vielen Angebote, wie z. B. Probespieltraining und Lampenfieber-Coaching, sehr gut nach außen hin zeigen und zudem die vielen Ideen eines Scanners (von Planwagenfahrten mit den Musikern bis zur eigenen CD) zielgerichtet einbringen.

RUTH: Das war ein weiter Weg, für mich und auch für Mona. Von der Beratung bis zum Coaching hat Mona jeden Schritt ernst genommen. Ihr Durchhaltevermögen ist wirklich vorbildlich. Und für Sie gilt: Sie dürfen sich nicht entmutigen lassen, wenn es mal nicht läuft und sich Glaubenssätze und Blockaden vermehren wie die Köpfe der Hydra. Sie haben als Coach den großen Vorteil, dass Sie wissen, was Sie dagegen tun können – ob mit oder ohne Kollegen. Blockaden und Glaubenssätze abzubauen, das ist aus meiner Sicht (als Marketeer!) die wichtigste Voraussetzung, um am Ende erfolgreich zu sein – und es zu bleiben.

Umsetzungs-Geheimnis Nr. 2: Ins Handeln kommen!

RUTH: Obwohl ich das anfangs nicht glauben konnte, weiß ich aus Erfahrung, dass die Umsetzung der Positionierung als viel schwieriger empfunden wird als die Positionierung an sich. Sie kostet auch viel mehr Zeit.

TANJA: Und so ist es logisch, dass auch während der Umsetzung erneut Glaubenssätze oder Blockaden auftauchen können, die einen Coach erfordern. Die Umsetzung ist ja der Moment, wo etwas sichtbar wird: eine Idee, eine Werbemaßnahme, eine Website etc. Das ist oft ein Schritt, der Unbehagen bereiten kann.

RUTH: Neben den vielen Hürden, die uns prokrastinieren oder versteinern lassen, finden viele Coaches und Trainer noch eine „elegante" Möglichkeit, sich nicht vorwärtszubewegen: Sie wollen zu viel, und vor allem zu viel auf einmal! Plötzlich sieht der Coach überall Chancen und Möglichkeiten und möchte alles umsetzen, und zwar sofort. Das kann natürlich leicht zu viel werden. Ich vergleiche das gerne mit dem Bergsteigen: Statt sich z. B. gezielt einen tollen Gipfel vorzunehmen, wollen sie gleich alle sieben höchsten Gipfel der sieben Alpenländer bezwingen. Das Ganze dann auch noch ohne Hüttenübernachtungen, weil das ja aufhalten könnte. Und dann am besten noch ohne Bergführer, das spart Geld. Ich bin nicht ganz ohne Bergerfahrung und meine: Das bezahlt man dann mit dem Leben.

TANJA: Du übertreibst mal wieder! Aber sicherlich ist es wichtig zu wissen, das alles, was sich hier so flockig lesen lässt, in einer kompletten Überarbeitung und Verzweiflung enden kann. Umso wichtiger ist es, strukturiert vorzugehen, besonders zu Beginn oder bei einer Neuausrichtung.

RUTH: Es gibt gute Literatur, die das Thema vertieft. Durch eine Anregung aus dem Buch „4 Disciplines of Execution" (Covey 2015) konnte ich eine sehr kompatible Umsetzungsstrategie entwickeln, die sich schon oft bewährt hat.

Erster Schritt: Fokus auf das Ziel!

Konzentrieren Sie sich auf maximal (!) zwei bis drei Ziele. Definieren Sie diese Ziele sauber (SMARTES-Vorgehen ist super, aber wie war das noch gleich? Spezifiziert, messbar, attraktiv, realistisch, terminiert) und rücken Sie sie immer wieder in den Fokus Ihrer Aufmerksamkeit. Wenn Sie diese Ziele in Angriff nehmen und umsetzen wollen, sollten Sie sich nicht vom Alltagsgeschäft ausbremsen lassen.

Zweiter Schritt: Wo finden Sie den größten Hebel für Ihr Vorhaben?

Für die Umsetzung Ihrer Ziele müssen Sie analysieren, welche Maßnahmen den größten Hebel bieten. Das kann z. B. das Fertigstellen des ersten Buches sein oder die Akquise eines Speaking-Engagements auf großer Bühne.

TANJA: Ich möchte hier den Begriff des „Momentum" einbringen. Wie groß ist der Impuls, die größte Wellenbewegung, die Sie hervorrufen können, und wie schaffen Sie das? Das ist der Hebel.

RUTH: Und diesen Erfolgshebel betätigen wir doch gerne!

Dritter Schritt: Selbstverantwortlichkeit

TANJA: Als Coach und Trainer gibt es auf die Frage, wer verantwortlich für die Umsetzung ist, fast immer nur eine Antwort: Me, myself and I ☺. Das klingt jetzt logisch und einfach, aber verhalten wir uns auch dementsprechend? Nutzen wir die uns gegebene (Arbeits-)Zeit sinnvoll? Oder verbringen wir unsere Zeit mit „gezielter Prokrastination" auf Facebook oder der x-ten Fortbildung?

RUTH: Hier gäbe es viel zu sagen, aber wir möchten uns gerne auf drei Dinge konzentrieren: (1) Wenn es um die Umsetzung geht, hören wir oft: „Aber bei mir geht das so nicht!", „Meine Zielgruppe ist da besonders schwierig!" Oder: „Ich kann das so nicht machen, habe ich auch schon ausprobiert und es wird nicht klappen, weil …" Genau! Und der größte Teil des Problems sind jeweils wir selbst. Die Schranken und Schwierigkeiten potenzieren sich nämlich in unserem Gehirn. Das hasst Anstrengung, und so nutzen wir all die schönen Gründe als willkommene Ausrede, um – nichts zu tun. Fragen Sie Experten, lassen Sie sich unterstützen durch einen Blick von außen, holen Sie sich Ihre eigenen motivatorischen Anschubser und Sie werden staunen, welche Chancen sich aus Ihren Problemfällen ergeben.

Tanja: (2) Sorgen wir gut für uns, auch in Form von Supervision oder Coachings für uns selbst? Sorgen wir für einen Ausgleich, z. B. durch Meditation, Sport etc.? Wie oft haben Sie Kunden schon darauf hingewiesen? Nun arbeiten Sie einmal daran, auch selbst vorbildlich zu sein. Kunden lernen schließlich am Modell.

(3) Sind Sie so gut organisiert, dass Sie die verfügbare Arbeitszeit optimal nutzen? Reservieren Sie sich Zeiten der Ruhe, lernen Sie Ihren eigenen Arbeitsrhythmus kennen und halten Sie sich daran. Schulen Sie Ihre kreativen Fähigkeiten, beobachten Sie z. B., ob Sie mit oder ohne Rechner produktiver sind. Arbeiten Sie, wenn Sie arbeiten, und regenerieren Sie, wenn Sie es nicht tun.

Vierter Schritt: Erfolge bilanzieren

Ruth: In dem Buch „4 Disciplines of Execution" (Covey 2015) schlagen die amerikanischen Autoren vor, ein „Scoreboard" zu nutzen wie in einem Basketballspiel. Ich möchte gerne einen etwas spielerischen Weg gehen, auch wenn dieser Schritt ganz unprosaisch „Erfolgskontrolle und das Sichtbarmachen Ihrer Siege" heißen könnte.

Tanja: Entwickeln Sie für sich ein System, das Ihre Fortschritte sichtbar werden lässt – und zwar auch die vielen einzelnen kleinen Schritte. Das motiviert und zeigt, welche Fortschritte Sie machen. Außerdem können Sie an dieser Stelle einen Effekt prima ausnutzen: Wenn wir uns für die Bewältigung eines jeden größeren Schritts eine Belohnung ausdenken, „schmieren" wir uns damit selbst.

Ruth: Bei vielen meiner Kunden besteht diese Erfolgsbilanzierung aus zwei Teilen: Der erste dient dazu, Aufgaben zu dokumentieren und zu erledigen (Punkte zu jagen) und der zweite sorgt dafür, dass bei Erreichen eines (Zwischen-)Ziels eine Belohnung erfolgt. Wie kleinschrittig Sie das aufbauen, bleibt Ihnen überlassen. Hier ein paar Anregungen aus der Praxis:

Murmeln sammeln

Statt einer Anzeigentafel (Scoreboard) nutzt ein Coach eine große Glasvase auf der Fensterbank des Coaching-Raums sowie Säckchen voller bunter Murmeln. Immer, wenn eine Aufgabe erledigt ist, wirft sie eine Murmel in das Glas. So hat sie immer alles im Blick, auch das Anwachsen der Murmelmenge. Und das ist mehr als nur ein visueller Eindruck.

Outdoor-Minuten

Eine Kollegin von mir berichtet, dass sie jede einzelne Aufgabe aufschreibt und bei der Erledigung sich selbst eine sinnvolle Zeit-Gutschrift (je nach Schwere und Länge der Aufgabe und ohne zu mogeln) auf ihrem Outdoor-Konto gutschreibt. So sorgt sie nicht nur für einen guten Anreiz, sondern auch für Bewegung und frische Luft. Rauszugehen ist für sie immer verlockend, und doch kommt es oft zu kurz.

Bücherhimmel

RUTH: In meinem mich überall hin begleitenden großen Moleskine-Kalender, gibt es eine Seite mit einer ausgefeilten Punkte-Verteilung. Dort bekomme ich nicht nur Punkte für Erledigtes, sondern z. B. auch für „genug getrunken". Am Ende des Tages kann ich ausrechnen, ob ich gegen mich selbst gewonnen habe. Und dann gibt es ein Buch! Zur Visualisierung (und zum Wiederauffüllen!) habe ich mir extra ein Bücherregal gebastelt (Ich! Gebastelt! :-0). Bis ich mir das voll erarbeitet habe, dauert allerdings …

Wenn unser Schweinehund übernehmen will, müssen wir uns selbst zu unserem Glück zwingen

TANJA: Ob Sie eine großartige Lidschatten-Palette, Kekse oder ein neues Fachbuch wählen: Manchmal braucht es einfach ein wenig Bestechung, um bei viel zu wenig Schlaf oder in hektischen Zeiten konsequent dranzubleiben.

RUTH: Wer erst einmal diese Umsetzungsphase lieben gelernt hat, ist aus dem Gröbsten raus. Denn in der Praxis zeigt sich, was funktioniert. Und was für Sie wie Scheitern aussieht, findet Ihre Umgebung immer noch großartig. Aber Sie können erst neu planen, wenn Sie entsprechende Erfahrungen gesammelt haben. Nelson Mandela hat einmal gesagt: „Entweder ich bin erfolgreich oder ich lerne gerade." Da ist viel dran, aber ich glaube, es geht auch beides. Nehmen wir uns ein Beispiel an Kindern, die Radfahren lernen. Sie wissen sehr schnell, dass sie hinfallen und mit aufgeratschten Knien enden können, aber sie probieren es trotzdem immer wieder. Mit zunehmendem Alter verlernen wir diesen Drang und werden oft immer weniger abenteuerlustig.

TANJA: Gerade in Deutschland herrscht immer noch eine schreckliche Fehlerkultur. Etwas hat sich hier aber schon gewandelt, denn Brené Brown (siehe Literaturverzeichnis) ist mit Büchern wie „Laufen lernt man nur durch Hinfallen" auch hierzulande eine bekannte Autorin. Oft heißt es jetzt so schön, aber wenig glaubwürdig: „Oh ja, Scheitern gehört unbedingt dazu, es ist wichtig!" Und gedacht wird: „Hoffentlich wird mir das nicht passieren!"

RUTH: Daher mein Appell: Belohnen Sie sich auch dann, wenn Sie scheitern. Sie waren mutig (bitte nicht tollkühn) und es hat nicht geklappt. Was können Sie beim nächsten Mal anders machen? Lag es an mangelnder Verantwortung? Am falschen Hebel oder war das Ziel schlecht erreichbar? Aufstehen, Krone richten und wieder ins Handeln kommen – Sie wissen ja jetzt, wie das geht!

5. | Gut organisiert sein und für sich selbst Sorge tragen

(Tanja Klein & Ruth Urban)

RUTH: An unserem Orga-Tag gilt unsere Hauptsorge nicht nur dem Büro und einem möglichst gutem Workflow, sondern wir kümmern uns auch um uns selbst.

Selbstfürsorge – oder: „Arbeite so, dass du nie urlaubsreif wirst"

TANJA: Vor meiner Zeit als Coach prägte lange Zeit ein Zitat von Sebastian Kneipp mein Leben: „Wer keine Zeit für seine Gesundheit hat, wird später viel Zeit für seine Krankheiten brauchen." Diesen „Luxus", viel Zeit für Krankheiten aufzuwenden, kann ich mir als Selbstständige nicht mehr leisten. Wenn ich jetzt nicht gut für meine Bedürfnisse sorge, passiert es mir ruckzuck, dass ich mir eine Erkältung einfange und dann eine Woche lang vor Heiserkeit nicht sprechen kann – weder mit meinen Kindern noch mit meinen Kunden. Diese Unachtsamkeit kostet mich dann eben mal gut 3.000 Euro Umsatz.

RUTH: Natürlich gibt es noch bessere Gründe, gut für sich zu sorgen, als das fehlende Geld. Aber man sieht an Tanjas Beispiel, dass sich Zeit für Selbstfürsorge auch sehr schnell rechnet.

TANJA: Aber es gibt noch einen ganz anderen Grund, gut für sich zu sorgen. Wir Coaches sind – ob wir wollen oder nicht – sehr oft ein Vorbild für unsere Klienten. Wie soll ich denn meiner Kundin zeigen, wie wichtig es ist, seine Bedürfnisse ernst zu nehmen, wenn ich z. B. so viele Termine angenommen habe, dass ich leider an diesem Tag keine Zeit zum Mittagessen finde. Oder zum Meditieren. Oder um Sport zu treiben.

RUTH: Sicherlich wird ein ausgebrannter Coach keine gute Visitenkarte für seine Arbeit sein. Bei Tanja passiert eher das Gegenteil. Die Kunden haben das Gefühl, das man aus dem Film „Harry und Sally" kennt: Sie wollen genau das, was sie hat.

TANJA: Ich habe, wie eingangs erwähnt, Jahre gebraucht, um an diesen Punkt zu kommen. Und viel Lehrgeld bezahlt. Mittlerweile plane ich meine Tage so, dass ich nie urlaubsreif bin. Bis auf wenige Ausnahmen ist, gut an mich zu denken, ein fester Bestandteil meines Tages. Vielleicht gibt es ein paar Dinge, die Ihnen helfen können, das für sich selbst zu tun. Und gleich zu Beginn verrate ich einen meiner wichtigsten Tipps: Ich achte gut auf meine Telomere.

Ruth: Dieses Wort sagt doch bisher kaum jemanden etwas! Ich weiß, dass du von dem Thema begeistert bist, und sicherlich wirst du das kurz erklären.

Tanja: Das hatte ich vor – keine Sorge ☺.

5.1 Gesundheit und Telomere

Jedes Chromosom wird an den Enden durch Schutzkappen aus Proteinen geschützt: Diese werden Telomere genannt. Man kann sie sich wie die verstärkten Enden am Schnürsenkel vorstellen.

Telomere schützen unsere Gene vor dem „Ausfransen", denn bei jeder Kopie eines Chromosoms besteht die Gefahr, dass die kostbare DNA kaputt geht. Im Laufe der Zeit, mit jeder Zellteilung, werden die Telomere immer kürzer und können ihre Schutzaufgabe irgendwann nicht mehr so gut ausführen. Irgendwann sind sie zu kurz, und das nun ungeschützte Gen wird senil (auch seneszent genannt) bzw. stirbt. Für unseren Körper ist das gefährlich, denn beispielsweise kann ein seniles T-Chromosom aus dem Immunsystem – wie ein alter Mensch mit Sehschwäche – Gefahren nicht mehr so gut „sehen". Es erkennt angreifende Krebszellen nicht bzw. hat nicht mehr die Kraft, sie wirkungsvoll zu bekämpfen.

Die gute Nachricht: Die Mikrobiologin Prof. Elizabeth Blackburn hat herausgefunden, was wir tun können, damit sich unsere Telomere langsamer verkürzen und mit bestimmten Lebensstiländerungen wieder länger werden! 2009 erhielt sie dafür den Medizinnobelpreis.

Je länger unsere Telomere sind, desto länger und gesünder leben wir. Statistisch ist erwiesen, dass das Alter die wichtigste Variable für Krankheiten ist. Aber auch die Einstellung zum Alter spielt eine Rolle: Menschen, die eine positive Vorstellung über Ihr Alter haben, leben im Schnitt 7,5 Jahre länger als Menschen, die mit Furcht aufs Älterwerden blicken.

Mit diesem Wissen sorge ich gut für mich, um meine Gesundheitsspanne so weit wie möglich in die Länge zu ziehen.

Ruth: Da sieht man mal wieder, dass in vielen Sprichwörtern tatsächlich wissenschaftliche Weisheiten verpackt sind: „Das Alter spielt mit dir ein Spiel um seine Rolle. Spielst du nicht mit, spielt es keine Rolle."

Tanja: Noch mehr Details würden jetzt den Rahmen sprengen. Deshalb hier nur eine kleine Auswahl an Tipps, was Sie – basierend auf wissenschaftlichen Erkenntnissen – schon jetzt Gutes für Ihre Telomere tun können. Wer mehr wissen möchte, dem sei das Buch „Die Entschlüsselung des Alterns" (Blackburn & Epel 2017) empfohlen.

Das Beste daran: Alle diese Erkenntnisse sind auch für meine Kunden wichtig, denn vieles davon hat mit unserer Arbeit zu tun ...

Ihre Telomere freuen sich über:

- Eine gesunde Ernährung: viel frisches Obst, Gemüse, Vollwertkost, grüner Tee, wenig Zucker, möglichst unverarbeitete Lebensmittel. Nahrungsergänzung aus „Telomer-Sicht" nur für Vitamin D, B12 und Omega3.
- Regelmäßig Sport treiben: Sehr gut geeignet scheinen z. B. hoch intensives Intervalltraining oder aerobe Ausdauerübungen (dreimal in der Woche für jeweils 45 Minuten) zu sein. Integrieren Sie jede mögliche Bewegung in Ihren Alltag und parken Sie z. B. bewusst weiter vom eigentlichen Zielort entfernt oder nehmen Sie die Treppe.
- Mindestens sieben Stunden schlafen und mit einem Gefühl von Dankbarkeit in den Tag starten.
- Viele Pflanzen in der Umgebung. In der Wohnung werden zwei Pflanzen pro neun Quadratmeter empfohlen.
- Die Haut-Telomere gut vor der Sonne schützen.
- Statt Multitasking: Unitasking – also nur eine Sache zur Zeit.
- Mentale Gesundheit: Hier können Sie sehr viel für sich tun. Zum Beispiel lernen, Stress als Herausforderung zu sehen; dem inneren Kritiker mit Selbstliebe begegnen; eine Haltung von Mitgefühl für andere und Selbstmitgefühl leben. Alte Verhaltensweisen wie Grübeln oder Gedankenabschweifen mithilfe von Achtsamkeitspraktiken verändern. Sehr gut geeignet sind hier Meditation, Qigong, MBSR oder auch Yoga.
- Dafür Sorge tragen, dass psychische Erkrankungen wie Depressionen, Angsterkrankungen und Traumata geheilt werden.
- Eine Wohngegend, in der wir uns wohlfühlen.
- Wohltuende Menschen, mit denen wir uns wirklich verbunden fühlen.

TANJA: Natürlich spielen noch viele weitere Faktoren eine Rolle, z. B. die Persönlichkeitsstruktur, giftige Chemikalien und frühkindliche Erfahrungen.

Jetzt verstehen Sie wahrscheinlich noch besser, weshalb ich in meiner heiligen Arbeitszeit Sport treibe, meditiere und mir noch mehr Zeit zum Kochen nehme ...

Ruth: Weil Meditation besonders hilfreich für die Telomergesundheit und innere Klarheit ist, habe ich Tanja gebeten, hier noch ein paar Zusatzinformationen zu diesem Thema zu geben. Erfahrene Meditierende können diesen Punkt natürlich schnell überblättern oder sich davon inspirieren lassen, wie Tanja es hinbekommt, dass auch Ihre Kunden mit dem Meditieren beginnen.

5.2 Wie meditiere ich (als Anfänger)?

Tanja: Viele meiner Kunden fangen erst dann mit dem Meditieren an, wenn ihnen wissenschaftlich begründet wird, warum Meditation so viele Vorteile mit sich bringt. Dafür nehme ich mir am Anfang immer ein paar Minuten Zeit, denn es ist wichtig zu wissen, weshalb ich überhaupt so viel Zeit in das Still-Rumsitzen investieren sollte. Und da ist das Thema Telomere bzw. Gesundheit nur ein Punkt von vielen.

Weshalb Ihnen Meditation guttun wird:

- Sie lernen, das Gedankenkarussell zu stoppen.
- Sie finden heraus, wer Sie wirklich sind, wenn Sie sich nicht nur mit Ihren Gedanken identifizieren.
- Sie verbessern Ihre Intuition, weil die entsprechenden Gehirnareale stimuliert werden.
- Sie spüren (ganz ohne Grund) mehr Lebensfreude, da das Gewebe in Ihrem linken Frontalkortex verstärkt angeregt wird. Einigen Studien zufolge wird durch regelmäßiges Meditieren das 200-fache an Glückshormonen ausschüttet, was dem Gebrauch von Cannabis entspricht – aber ganz ohne negative Begleit- oder Entzugserscheinungen.
- Sie können sich von Schmerz besser distanzieren. Zusätzlich bildet Ihr Körper schmerzstillende Hormone, nämlich Endorphine, also körpereigene Morphine.
- Das Mitgefühl für sich selbst und andere Menschen wird verstärkt – und auch das zahlt wieder auf die Gesundheit Ihrer Telomere ein.
- Es entsteht ein positives Gefühl, mit der Welt besser verbunden zu sein. Dies kommt möglicherweise durch die Ausschüttung Oxytocin, auch als Bindungshormon bekannt.
- Angstgefühle lassen nach, denn durch regelmäßige Meditation verkleinert sich spätestens nach acht Wochen das Angstzentrum des Gehirns (die Amygdala).
- Sie fühlen sich deutlich entspannter, da währenddessen im Gehirn Beta- bzw. Gammawellen aktiv sind.

- Sie steigern Ihre Empathie. Dies ist oft schon nach einem Monat täglicher Meditation messbar.
- Sie stärken Ihr Immunsystem, da Sie optimal für Ihre (Telomer-)Gesundheit sorgen. Beim Meditieren wird verstärkt das Enzym Telomerase gebildet und dieses unterstützt Ihre Chromosomen dabei, die Telomere wieder zu verlängern.

Die Liste könnte man noch verlängern, aber ich denke, Sie haben ein gutes Gefühl dafür bekommen, dass sich diese Investition Ihrer Zeit sehr lohnt! Sobald sich mein Gehirn „unaufgeräumt" anfühlt, zieht es mich magisch aufs Kissen – und 15 Minuten später sieht die Welt schon wieder deutlich ruhiger aus!

Was muss ich als Meditationsanfänger beachten?

Für viele meiner Kunden gilt: Je weniger Schnickschnack, umso besser. Das „esoterische" Drumherum hat leider viele Menschen von der wirklich hilfreichen Erfahrung abgehalten. Und letztendlich brauchen Sie nur einen Stuhl oder ein Meditationskissen – und den Timer Ihres Handys für die Zeiteinstellung.

RUTH: Die perfekte Sitzhaltung finden Sie in vielen Büchern oder im Internet beschrieben. Das kürzen wir jetzt hier ab.

TANJA: Erlaube mir bitte noch den Hinweis, dass es für jeden Menschen eine passende Haltung gibt, egal ob mit Knieproblemen oder neuem Hüftgelenk. Von körperlichen Einschränkungen sollte man sich also auf keinen Fall abhalten lassen. Ich meditiere jetzt noch lieber, seitdem ich so eine Art dicke „Hundedecke" (in Meditationskreisen auch Zabuton genannt) als Unterlage habe. Das fühlt sich noch viel kuscheliger an und meine Knöchel fühlen sich wohler.

Tipps zur Durchführung:

- Es viele verschiedene Arten, wie man die Hände während der Meditation halten kann. Ich lege gerne die eine Hand in die andere, sodass sie eine Art Schale bilden. Die Daumen lege ich bewusst aneinander. Mit diesem Trick merke ich, wenn ich kurz vor dem Einschlafen bin, denn dann gehen die beiden leicht auseinander und ich werde wieder wacher.
- Ich lege gerne die Zunge an das Gaumendach, dann muss man nicht so oft Schlucken. Letztendlich ist das aber nicht ganz so wichtig.
- Natürlich ist es am Anfang unmöglich, an nichts zu denken. Aber ich übe mich darin, die Gedanken wie Wolken einfach weiterziehen zu lassen.

- Den Fokus meiner Atmung richte ich auf die Herzgegend. Dieses Vorgehen sorgt für einen ruhigeren Puls.
- Bleiben Sie entspannt und erwarten Sie nicht zu viel von sich selbst. Es ist völlig in Ordnung, zunächst mit fünf Minuten anzufangen und in dieser Zeit noch ganz viele Gedanken zu haben. Bis diese weniger werden und Sie mit gutem Gefühl die Zeit auf vielleicht 10–15 Minuten erhöhen können, dauert etwas. Sie dürfen mit Freude ausprobieren, welche Zeitspanne sich für Sie gut anfühlt und ob Sie es jeden Tag einrichten wollen. Erfahrungsgemäß dauert es ein paar Wochen, bis man den positiven Effekt spürt und dann möchte man von alleine öfter und länger meditieren. Bis es zur angenehmen Routine wird, hilft nur eins: Die Aufmerksamkeit bewusst immer wieder darauf richten.
- Ich lasse mich jeden Tag von meinem Handy an meine Meditationszeit erinnern, und das klappt für mich ganz gut. Manche Menschen blockieren sich auch jeden Tag die entsprechende Zeit im (elektronischen) Terminkalender. Ich meditiere öfter, seitdem meine Kinder und mein Mann dies auch tun und selbst meine Freunde mittlerweile gerne mitmachen.
- Bevor ich starte, stelle ich die Zeitdauer mit einem einfachen Sprachbefehl auf meinem Handy ein – und los geht es. Es lohnt sich, vorher einen schönen Weckerton auszusuchen. Der Klang einer Alarmsirene bringt einen sicherlich ganz schnell um die Hälfte der positiven Entspannungswirkung :-).
- Gemeinsam mit dem Partner oder Kind meditieren

5.3 Von innen nach außen: Tools für die Büroorganisation

RUTH: Wer so gut für sich selbst sorgt und regelmäßig meditiert, hat einen klaren Kopf – und damit fällt auch die eigene Organisation leichter.

TANJA: Wir haben eine Liste angelegt, die genau dabei helfen soll, denn schließlich soll sich auch das Büro gut anfühlen :-). Die Liste hat absolut keinen Anspruch auf Vollständigkeit, aber alle Tools und Ressourcen wurden entweder von uns beiden oder einer Kollegin getestet und für gut befunden.

RUTH: Mit jeder Best-Practice-Gruppe wächst die Liste, aber vielleicht ist jetzt schon etwas für Sie dabei und Sie finden ein neues Tool oder eine lang gesuchte Ressource. Im Workshop stellen wir diese Dinge (auch untereinander) in der Reihenfolge eines typischen Kundenprozesses dar. Das lässt sich nicht 1:1 in die Buchform übernehmen und deshalb geht von diesem Ablauf etwas verloren. Aber hier herrscht die größere Übersicht.

A. Kontaktdaten und Termine sammeln

Klassisch auf Papier: Notizbücher & Journale und mehr

Moleskine, Leuchtturm, KLARHEIT

Bullet-Journals
Hierzu gibt es einen super Beitrag von Nicole Neuser: ↗ http://solutionspace.de/2016/12/16/female-founders-cgn-meetup-better-get-a-bullet-journal/

Mappei-System (↗ http://www.mappei.de)

Pultordner

Twentyseven weeks
Ein großformatiges Erfolgs-Journal mit Wochenplanung und viel Platz

Karteikästchen, ganz old-school

Online:

Outlook (bitte hier auf die PST-Datei aufpassen, bei mehr als 20 GB droht ein Zusammenbruch)

Best-of-Ideen dazu:

- Idee der Wochen- bzw. Tagespriorisierung 1–3
- To-do-Listen nicht „wegschmeißen", sondern durchstreichen
- Favorit bei mir und bei vielen Kunden ist mittlerweile: Moleskine weekly in X-large

B. Customer-Relationship-Management (CRM) / Akquise

CRM:[2]

↗ http://www.pipedrive.de

↗ http://www.cleverreach.com

↗ http://www.centralstationcrm.de

Buhl-Software ↗ https://www.buhl.de

---

2   Empfehlungen von Angelika Eder

„Mein Büro" – für viele Coaches *die* Lösung. Sie funktioniert aber nur auf Windows-Rechnern oder in der Cloud.

intex-Publishing ↗ https://www.intex-publishing.de/
Ist für alle Computer geeignet und billiger als „Mein Büro".

Speziell E-Mail- Marketing:

↗ http://www.mailchimp.com (gilt als unkompliziert)

↗ http://www.getresponse.de

↗ http://www.myemma.com

C. Informationen aufnehmen, festhalten und (ggf. erst später) anschauen:

Der SmartPen Livesribe ↗ https://www.livescribe.com/de/
Synchronisiert Informationen mit mehreren Geräten

Klassisches Diktiergerät oder die Sprachfunktion von Handy bzw. Smartphone

Pinterest ↗ http://www.pinterest.com

Pocket ↗ http://www.getpocket.com

Evernote ↗ http://www.evernote.com

D. Konzipieren & Co:

Zettel:

Große Post-its
In allen Farben, auch linierte

Stattys
Elektrostatisch aufgeladene Notizzettel (in jeder Größe und Form), ganz ohne Klebestreifen

Große Hefte und Journals (einige Beispiele)

CaNote
↗ http://www.canote.de (konfigurierbar)

my.book
Modular aufgebaute Notizhefte von Herlitz

nuuna
↗ https://www.nuuna.com/ – immer ein Hingucker

E. Dokumentenmanagement

Online:

devonthink ↗ http://www.devontechnologies.com/de/ (für Apple)

Paginierung mit Schnellscanner: Scansnap / Scannable

↗ http://www.trello.com – gerne genutzt

Office Lense (für Windows), verbesserte Bilder von Whiteboards und Dokumenten

Klassisch und offline:

Hängeregister (Leitz, Mappei)

F. Einkaufen, Aufgabenlisten und Delegieren

↗ http://www.getbring.com (für Smartphones, Android und Apple)

↗ http://www.wunderlist.com/de/ (App)

↗ http://www.teuxdeux.com – fast wie auf Papier :-)

↗ http://www.strandschicht.de, virtuelle Assistenzen

↗ http://www.my-vpa.com, virtuelle Assistenzen

Minijobber anstellen (Knappschaft)

G. Online-Video- und Konferenz-Tools:

Skype – der Klassiker

Facetime – für Apple

Zoom – Tool für Webkonferenzen und Webinare

H. Datensicherung:

Time-Machine
Datensicherungssoftware von Apple

Allsync
Datensicherungs- und Synchronisationssoftware für Windows

Western Digital
Datenspeicherung und -Sicherung, auch Hardware

Unser Tipp zur Datensicherung: Wichtige Daten auf einer zweiten oder dritten externen Festplatte außer Haus lagern.

I. Projektmanagement / kollaboratives Arbeiten

Verschiedene Lösungen und Anregungen finden sich in einem Beitrag des Magazins t3n: ↗ http://t3n.de/news/projektmanagement-kostenlos-scrum-kanban-gantt-555168/

Bitrix: ↗ https://www.bitrix24.de/

Asana ↗ http://www.asana.com

Slack: ↗ http://www.slack.com

Trello: ↗ http://www.trello.com

für den Datentransfer, Webransfer: ↗ http://www.wetransfer.com

J. Passwörter & Sicherheit

1Password: ↗ https://1password.com/

Kaspersky Password Manager

Login-Daten gekapert? – Hier nachschauen und ggf. ändern:
↗ https://haveibeenpwned.com/

K. „Fancy Stuff"

3D Brain (App-Store)
Zeigt dem Kunden schön alle relevanten Gehirnbereiche.

Große Aktenklammern eignen sich auch, um den „Kabelsalat" zu organisieren.

Bloglovin ↗ https://www.bloglovin.com
Um sich Blogs zu merken bzw. Blogs zu finden.

Clevermemo ↗ https://www.clevermemo.com
Virtueller Assistent für Nachhaltigkeit in Coaching & Beratung – hier werden noch Erfahrungen gesucht.

↗ http://www.muji.com/de
Büromaterial und Schnickschnack für kleines Geld

Manufactum / Magazin (↗ http://www.manufactum.de, ↗ http://www.magazin.com)
Gummibälle und wertige Dinge fürs Büro

↗ http://www.toggl.com
Time-Tracking

L. Bücher, speziell für dieses Kapitel[3]:

David Allen: Getting Things Done

Elizabeth Blackburn & Elissa Epel: Die Entschlüsselung des Alterns

Sean Covey: 4 Disciplines of Execution

Anders Ericsson & Robert Pool: Top. Die neue Wissenschaft vom Lernen

Timothy Ferris: Die 4-Stunden-Woche

Verena Steiner: Energiekompetenz

TANJA: Wir werden von den o. g. Anbietern und Einkaufsquellen keineswegs gesponsert oder sonst wie „gepampert". Für uns gilt: Ehre, wem Ehre gebührt. Gutes Handwerkszeug ist auch für Coaches und Trainer immer eine Arbeitserleichterung.

RUTH: Wenn Sie noch einen unschlagbaren Tipp oder eine gute Idee für die Liste haben – lassen Sie es uns gerne wissen. Schreiben Sie einfach eine Mail an ruth@CoachYourMarketing.de.

---

3   Bibliografische Angaben in der Literaturliste.

6. | SelbstWert: Tagessätze verhandeln, das passende Honorar finden und sich dabei richtig gut fühlen

(Tanja Peters)

6.1 Die Illusion vom Preis

Die Bäckereiverkäuferin, bei der Sie gerade Ihr Brötchen gekauft haben, verdient wahrscheinlich den Mindestlohn. Aktuell liegt dieser in Deutschland bei 8,84 Euro brutto pro Stunde.

Tony Robbins, einer der Größten der Coachingszene, lässt sich ein persönliches Jahrescoaching im siebenstelligen Bereich honorieren.

Es gibt viele Trainer, die zwischen 500 und 800 Euro am Tag verdienen, und einige, die zwischen 3.000 und 7.000 Euro Tagessatz erhalten. Bekannte Speaker rufen sogar zwischen 7.000 und 10.000 Euro für eine Stunde Vortrag auf. Der Wert einer Arbeitsstunde wird also sehr unterschiedlich honoriert. Trotzdem hegen die meisten Selbstständigen noch eine Vorstellung von fairen oder angemessenen Preisen. Hier kommt die gute und gleichzeitig auch die schlechte Nachricht: **Faire Preise sind eine Illusion!**

Preise speisen sich aus gutem Marketing, einer besonderen Marktposition, aus Trends, einem Expertenstatus sowie aus dem Mehrwert und Kundennutzen, die aus dem Produkt oder der Dienstleistung entstehen. Mit fair, angemessen oder wirklich erklärbar hat das alles erst mal nichts zu tun. Deshalb ist derjenigen, der diese Kröte geschluckt hat, schon mal einen riesigen Schritt weiter und hat verstanden, dass das eigene Wunschhonorar möglich ist. Die Begrenzungen, die wir so oft spüren, haben eher etwas mit uns und unseren Glaubenssätzen und Erfahrungen zu tun und nicht so sehr viel mit der Marktrealität da draußen.

Was es allerdings gibt, ist das für Sie passende Honorar, mit dem Sie sich wohlfühlen, für das Sie gerne Ihre Dienstleistung anbieten und von dem Sie gut leben können. Um dieses Honorar soll es im Weiteren gehen. Was Sie dazu brauchen, um es zukünftig am Markt aufzurufen und auch durchzusetzen, habe ich im folgenden Kapitel für Sie zusammengefasst. Angefangen bei der Kalkulation bewegen wir uns über das richtige Mindset hin zu ganz praktischen Hinweisen und Strategien, wie Sie die nächste Preisverhandlung mit Ihrem Kunden für sich entscheiden.

Also, los geht es. Und zwar am Anfang.

6.2 Ihr Wunschhonorar

In meiner Erfahrung als Honorar-Coach müssen drei Bereiche berücksichtigt werden, um ein passendes Honorar zu entwickeln: Kalkulation, Mindset und Verhandlungskompetenz sowie Positionierung (siehe Abbildung 6.1).

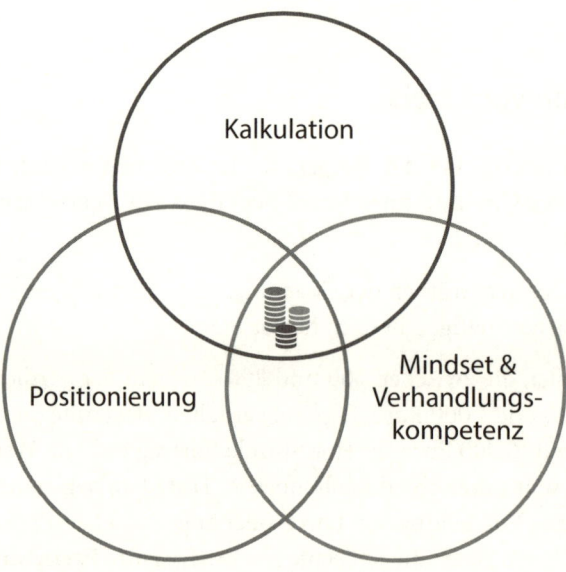

Abbildung 6.1: Die Komponenten des passenden Honorars

Erster Kreis – Ihre Kalkulation

Die erste goldene Regel (vor allem) für Selbstständige in der Coaching-, Trainings- und Beratungsbranche lautet: Eine Stunde unter 100 Euro anzubieten ist wenig sinnvoll. Es ist nämlich wirklich fraglich, ob Sie mit einem geringeren Stundensatz alle Kosten abdecken können, wozu auch zählt, dass Sie Ihre Rente entsprechend absichern. Wenn man einmal wirklich kalkuliert, was ein freiberufliches Leben kostet, wird schnell klar, warum diese Honoraruntergrenze sinnvoll ist.

Und deshalb sollen Sie gleich aktiv werden: Bitte schreiben Sie einmal alles auf, was Sie zum Leben brauchen. Hier eine kleine Anregung, was mindestens mit auf Ihre Liste sollte:

Kosten für die private Lebensführung:
- Miete, Strom, Nebenkosten, Instandhaltung
- Lebensmittel, Kleidung, Fahrtkosten (beim eigenen Auto: Benzin, Versicherung, Steuern, Instandhaltung; oder Kosten für Bahntickets, Taxi bzw. Carsharing)
- Handy, Internet, Telefon, Rundfunk- und Fernsehgebühren, Kosten für einen Streaming-Anbieter
- Kosten Freizeit: Zeitungen, Kino, Theater, Bücher, Essen gehen, Feiern, Geschenke, Fitnessstudio, Hobbys, Urlaub, private Reisen …
- Versicherungen, Krankenkasse, Ersparnisse, Altersvorsorge, Kontoführungsgebühren, Kredite

Berufliche Kosten:
- Bürokosten (Miete, Strom, Nebenkosten, Instandhaltung, Beschilderung)
- Kosten für IT (Drucker, PC, Buchhaltungssoftware, Support, CRM oder andere Programme)
- Telefon, Handy
- Arbeitsmaterialien
- Werbung, Marketing, Grafik, Internetseite, Werbemittel, Geschäftsausstattung
- Bewirtung von Kunden (Kaffee, Wasser, Imbiss)
- Akquisekosten (Kundentermine, Fahrtkosten, Telefon)
- Fortbildung, Ausbildungen, Kooperations- oder Netzwerkkosten
- Berufliche Versicherungen, Kontoführungsgebühren, Kredite

Alles, was hier zusammenkommt, ist die Basis, um ein Mindesthonorar auszurechnen. Doch es reicht nicht, nur kostendeckend zu arbeiten. Auch Faktoren wie „Spaß" oder „Erfolg" sollten nicht fehlen. Nur so können Sie am Ende auch Träume verwirklichen, große Sprünge wagen oder sich Ihren Wunsch erfüllen, mal so richtig viel Geld zu verdienen.

Bitte nicht vergessen: die Steuern! Auf die Kosten und Wünsche muss nämlich noch die mögliche Einkommensteuer draufgerechnet werden und auch die jeweils gültige Umsatzsteuer – es sei denn, Sie arbeiten in einem Bereich, in dem Sie von der Umsatzsteuer befreit sind.

Alles zusammen ergibt den gewünschten Jahresumsatz. Und nur so können Sie sicherstellen, dass alle Kosten berücksichtig wurden und am Ende noch genug zum Leben und Träumen bleibt.

Wenn Sie meinen Hinweisen gefolgt sind, haben Sie nun zwei Zahlen vorliegen: Das, was reinkommen **muss**, und das, was Ihre **Wunschvorstellung** ist. Damit lässt sich nun weiterarbeiten.

Es gibt eine zweite große Einflussgröße auf Ihr Honorar: die Ressource Zeit, die bekanntermaßen begrenzt ist. Wie viel Zeit können und möchten Sie täglich / wöchentlich für Ihre Arbeit aufwenden? Wenn Sie das überschlagen, vergessen Sie bitte nicht, Ihre Pausen, Urlaube, aber auch Krankheiten und Fortbildung mit einzuplanen.

Eine bewährte Regel ist, bei der Honorarkalkulation auf neun Monate, maximal auf zehn Monate zu kalkulieren. Zeiten für Urlaub sowie für Fort- oder Ausbildungen sind somit eingeplant – und auch die eine oder andere Erkältung ist noch drin.

Wenn Sie nun also Ihre Arbeitszeit errechnet haben, empfehle ich, diesen Wert zu halbieren. Warum? 50 % Ihrer Arbeitszeit werden Sie für Vertrieb, Marketing, Netzwerken und administrative Tätigkeiten benötigen, damit Sie die anderen 50 % erfolgreich an den Mann oder die Frau bringen können.

Ganz konkret heißt das: Bei einer durchschnittlichen täglichen Arbeitszeit von acht Stunden und bei neun Monaten Netto-Arbeitszeit pro Jahr stehen Ihnen, bei der von mir angeregten 50 %-Regelung, jährlich 720 Stunden zur Verfügung, die Sie Kunden berechnen können. Wenn Sie Ihren vorher ausgerechneten Wunschumsatz durch diese **720 Stunden** teilen, ergibt sich Ihr Stundensatz. Diese Rechnung gilt allerdings nur unter einer Voraussetzung: Sie sind zu 100 % ausgelastet.

Sie haben jetzt ein ganz einfaches Gerüst an der Hand, um ihren Stunden- oder Tagessatz zu kalkulieren.

Zusatzmaterial für Sie: Eine Tabelle, in die Sie Ihre Kosten eintragen können und die Ihnen hilft, Ihre Stunden(-Sätze) auszurechnen, gibt es hier zum Download:

↗ http://diemutberaterin.de/zusatzmaterial-fuer-sie-honorarkalkulation/

Zweiter Kreis – Ihre Positionierung

Mit einem bunt gemischten Angebotsbauchladen werden hohe Tages- oder Stundensätze schwierig. Die meisten Unternehmen und auch zunehmend Privatkunden möchten sich heutzutage von Experten trainieren oder coachen lassen. In einer sehr komplexen Welt und einem überfüllt wirkenden Markt gibt es einem Klienten mit Platzangst mehr Sicherheit, mit einem Experten für dieses Thema zu arbeiten, anstatt mit einem Coach, der ganz allgemein im Bereich Ängste unterwegs ist. Neben dem Aspekt Sicherheit erhoffen sich die Kunden von einem Experten, dass er schneller helfen kann und dass das gewünschte Ziel zügig und ohne Umwege erreicht wird.

Sie müssen sich also positionieren und in diesem Zuge zeigt sich auch, wer Ihre Zielgruppe ist und in welchem Markt Sie sich bewegen. Denn: Auch davon hängt der passende Tagessatz ab.

Nehmen wir an, sie arbeiten im Businessumfeld. Gerade hier hat das Sprichwort: „Was nichts kostet, ist auch nichts wert!" immer noch Gültigkeit. Mit einem zu geringen Honorar sabotieren Sie sich deshalb immer doppelt:

1. Sie verdienen weniger!
2. Sie werden nicht als Experte oder Expertin wahrgenommen. Damit bleiben langfristig der Erfolg auf der Strecke und eben auch die guten Honorare.

Es ist demnach ratsam, sich nie über den Preis zu positionieren, sondern immer über Expertentum, Erfahrung, positive Referenzen und über ein Thema, das für den Kunden hohe Relevanz hat.

> **Zusatzmaterial für Sie:** Wer tiefer in das Thema Positionierung einsteigen möchte, dem biete ich als Download einen kleinen Exkurs zum Thema an:
>
> ↗ http://diemutberaterin.de/zusatzmaterial-fuer-sie-exkurs-positionierung/

Dritter Kreis (1) – Ihr Mindset

Blockierende Glaubenssätze über Geld, Erfolg oder kritische Gedanken zur Verhandlung und zum Verhandlungspartner trennen uns oft von unserem Wunschhonorar und einem guten Umsatz. Gerade wenn unser Preis angegriffen wird, stolpern wir gerne über diese inneren Bewertungen und kritischen Gedanken. Sie bringen uns aus dem Konzept und machen Stress. Für gute Preisverhandlungen brauchen wir jedoch Souveränität und Kreativität – und das ist beides unter Stress schwer zu erreichen.

> **Zusatzmaterial für Sie:** Um diesen Bewertungen auf die Spur zu kommen, können Sie sich hier eine Liste der negativen und sabotierenden Glaubenssätze runterladen:
>
> ↗ http://diemutberaterin.de/zusatzmaterial-fuer-sie-die-haeufigsten-sabotage-saetze/

Diese negativen und sabotierenden Glaubenssätze können Sie mithilfe eines Coaches Ihrer Wahl oder auch im Selbstcoaching durchgehen und schauen, an welche Varianten dieser Sätze Sie „glauben". Blockierenden Glaubenssätzen auf die Schliche zu kommen, sie zu bearbeiten und möglichst aufzulösen ist eine wichtige Arbeit, um erfolgreich selbstständig zu sein. Selbstständigkeit braucht ein gutes Standing, das Zutrauen in die eigene Arbeit und Produkte und einen guten Selbstwert. Alles, was Sie hier aus dem Weg räumen, wird sich im Verkauf, in der Verhandlung und am Ende auf Ihrem Bankkonto positiv bemerkbar machen.

In meinen Trainings lade ich die Teilnehmer nach dieser Arbeit ein, ein neues Erfolgsmantra zu entwickeln. Das ist ein möglichst kurzer, klarer, knackiger und positiver Satz, den sie vor anstehenden Verhandlungen wiederholen können, um sich noch mal mental zu stärken und vorzubereiten. Es folgen ein paar gute Beispiele aus meinen Seminaren:

- Meine Produkte sind wertvoll und machen meinen Kunden und mich erfolgreicher!
- Ich bin ein toller Trainer und gebe 100 % für meine Kunden. Deshalb zahlen meine Kunden mit Freude meinen Tagessatz.
- Kunden zahlen mit Freude meine Preise, denn ich bin richtig gut in dem, was ich tue!
- Menschen stehen Schlange, um mit mir zu arbeiten!

Und jetzt Sie! Viel Freude bei der Entwicklung Ihres persönlichen Erfolgsmantras.

Dritter Kreis (2) – Ihre Verhandlungskompetenz

Neben dem richtigen Mindset für die Verhandlung müssen Sie auch Ihre Verhandlungskompetenz aufbauen. Dafür brauchen Sie Übung und Training, aber auch die richtigen Informationen und Strategien.

Ganz oft bereiten sich Menschen nicht gut auf Verhandlungen vor.

Vielleicht denken Sie, dass man entweder ein Verhandlungstalent hat oder eben keins und dann hilft auch eine gute Vorbereitung nicht? Das ist eben genau falsch. Die gute Vorbereitung sorgt direkt für mehr Selbstsicherheit in der Verhandlung und führt im Lauf der Zeit auch zum Aufbau einer guten Verhandlungskompetenz. Wenn Sie immer noch an die Illusion vom fairen und passenden Preis glauben, dann glauben Sie vielleicht auch, dass Ihr Gegenüber schon erkennen wird, dass Ihr Angebot gut und marktgerecht ist. Ebenso, dass Sie einen tollen Job machen und das Geld wert sind – und dass Sie deshalb überhaupt nicht verhandeln müssen.

Glauben Sie lieber, dass Sie sich jederzeit zu einem guten Verhandler entwickeln können. Alles, was Sie dazu brauchen, ist die Lust, die nachfolgenden Hinweise auszuprobieren, zu üben und auf Ihre jeweilige Verhandlungssituation anzupassen. Das gilt vor allem dann, wenn Sie bereits Ihre bremsenden und sabotierenden Sätze erkannt und bearbeitet haben. Was dann bleibt, ist eine total legitime Verhandlung zwischen zwei Geschäftsleuten. Mit dieser neutralen Haltung wird es zunehmend einfacher, zum eigenen Honorar zu stehen. Also ran an den Verhandlungspoker!

6.3 Verhandlungen führen

Der Kunde meint nicht Sie, wenn er Ihren Preis nicht akzeptiert

Wenn der Kunde Ihre Honorarvorstellungen ablehnt, lehnt oder wertet er damit nicht automatisch Sie als Person oder Ihre Leistung ab. Solange Sie aber den Angriff auf Ihren Preis persönlich nehmen, werden Sie nicht in der Verhandlung in Ihrer Kraft und somit kreativ und schlagfertig bleiben.

„Aber warum will dann mein Gegenüber einen besseren Preis? Ich habe doch schon knackig kalkuliert oder sogar schon einen Rabatt in das Angebot mit eingerechnet!" Das fragen Sie sich vielleicht. Aber Ihr Kunde kann durchaus vielfältige Gründe haben, einen besseren Preis zu wollen, z. B.:

- Ihr Angebot übersteigt das Budget.
- Es werden mit anderen Coaches / Trainern oft niedrigere Tagessätze vereinbart.
- Das Projekt wird gefördert, die Tagessätze dürfen eine gewisse Höhe nicht überschreiten.
- Es gibt vergleichbare, aber günstigere Angebote. Man möchte mit Ihnen arbeiten, dafür müssten Sie aber noch einen kleinen Rabatt gewähren.
- Ihr Gegenüber ist ein Sparfuchs und verhandelt gerne.

Wenn Sie mit dem Einkauf verhandeln, ist die Antwort wirklich simpel: Es ist die Aufgabe des Einkaufs, Ihren Preis anzugreifen und beim Vertragsabschluss eine Einsparung zu generieren. Das hat wenig mit den Inhalten Ihres Angebots zu tun, mit Qualität oder dem Zutrauen, dass Sie den Job gut machen oder Ihr Angebot den Preis wert ist.

Wenn Sie sich also zukünftig bei Verhandlungsversuchen nicht mehr angegriffen fühlen und sich dann noch gut auf die Verhandlung vorbereitet haben, dann steht Ihrem Verhandlungserfolg wenig im Wege.

Gute Vorbereitung zahlt sich aus

Bereiten sie sich immer gut auf eine mögliche Verhandlung vor. Dafür sollten Sie zunächst für sich klären, welches Ergebnis Sie mit dem Gespräch erreichen möchten. Wollen Sie auf jeden Fall den Tagessatz durchsetzen? Oder wollen Sie noch mehr Tage verkaufen? Geht es Ihnen um eine langfristige Partnerschaft? Oder wollen Sie unter allen Umständen diesen Auftrag bekommen, auch wenn Sie einen Rabatt geben müssen?

Von dieser Klärung – die übrigens bereits bei der Angebotserstellung erfolgt sein sollte – hängt maßgeblich Ihre „Preispolitik" ab. Wenn Sie dann Ihr Wunschergebnis klar vor Augen haben, bereiten Sie die entsprechenden Argumente vor. Dazu können sie mögliche Einwände und Fragen zu ihrem Angebot antizipieren und so bereits im Vorfeld gute Antworten entwickeln. Wichtig an dieser Stelle ist, dass sie Mehrwert und Nutzen des Produkts in den Vordergrund stellen und nicht in erster Linie den Preis rechtfertigen. Rechtfertigung ist der Tod der Preisverhandlung und deutet darauf hin, dass Sie sich in die Enge getrieben fühlen. Ein geübter Verhandlungspartner setzt dann genau dort an, wo Ihnen die guten Antworten ausgehen.

Für die Vorbereitung der Argumente gilt grundsätzlich: Egal ob im beruflichen oder privaten Kontext – Menschen möchten immer wissen: Was habe ich davon, wenn ich diese Leistung / dieses Produkt kaufe?

Ihre Antworten sollten also Ihrem Gegenüber das Wasser im Mund zusammenlaufen lassen. Hier eignen sich Geschichten, beispielsweise von anderen Kunden. Welche Erfolge konnten diese Kunden feiern, weil sie mit Ihnen zusammengearbeitet haben?

Weitere gute Argumente sind natürlich Alleinstellungsmerkmale, besondere Expertise oder Erfahrungen, innovative Lösungen, eine außerordentliche Qualität oder vielleicht ein zeitlicher Vorteil gegenüber anderen Anbietern. Es lohnt sich, gute Argumente zu erarbeiten und sie einzuüben. Vielleicht sollten Sie sogar mit jemandem „Probeverhandlungen" führen und sich so für den Ernstfall rüsten.

In so vielen Bereichen üben und trainieren wir, um mehr Erfahrung zu sammeln und besser zu werden. Das sollten sie auch für Ihre Verhandlungskompetenz beherzigen. Je sicherer Sie werden, umso einfacher werden Ihnen diese Gespräche fallen und umso erfolgreicher werden Sie Ihre Preise durchsetzen.

Verhandlung als Spiel

Damit alles nicht ganz so verbissen und ernst wird: Stellen sie sich die Verhandlung als Spiel vor. Diese Haltung hilft Ihnen, den „Verhandlungspoker" gut durchzuhalten und kreativ zu bleiben.

Ihre Argumente sind ihre Spielkarten. Je mehr Spielkarten sie vorbereiten, umso flexibler können Sie auf die Spielzüge Ihres Gegenübers reagieren. Damit gilt aber auch: Lassen Sie sich nicht in die Karten schauen. Bereiten Sie eine gute Spielstrategie vor und ziehen Sie wichtige Karten / Argumente nur dann, wenn Ihr Gegenüber auch danach fragt. Sonst verpulvern Sie u. U. unnötigerweise wertvolle Argumente oder Rabatte.

[handschriftliche Notiz am Rand: Verhandlg als Spiel = den „Gaukler-Hut" aufsetzen!]

Das Ass im Ärmel

Schon Rudi Carrell hat gesagt: „Wollen Sie ein Ass aus dem Ärmel ziehen, müssen Sie vorher eines hineinstecken!"

Seien Sie also gespannt darauf, welche Karten Ihr Verhandlungspartner spielt und wie Sie kontern. Nutzen Sie Ihr Ass im Ärmel erst dann, wenn der Spielzug es Ihnen sinnvoll erscheinen lässt. Bis dahin heißt es: Pokerface aufsetzen, gelassen bleiben und taktisch vorgehen.

Was genau Ihr Ass ist, wissen Sie am besten, vor allem dann, wenn Sie die Verhandlung gut vorbereitet haben. Was auch immer es ist: Es sollte auf jeden Fall etwas für den Kunden sehr Wertvolles und Erstrebenswertes sein. Auch hier gilt, je mehr Ihrem Gegenüber das Wasser im Mund zusammenläuft, umso besser können Sie das Ass zu Ihrem Vorteil und damit zu Ihrem Erfolg nutzen.

Schweigen als Verhandlungsstrategie

Schweigen ist ein großer Verhandlungshebel, denn Gesprächssituationen, in denen geschwiegen wird, halten die meisten Menschen nur schwer aus.

Deshalb werden manchmal – nur um das Schweigen zu brechen – Rabatte, Eingeständnisse oder Erklärungen angeboten. Machen Sie es anders und nutzen diese kraftvolle Strategie zu Ihrem Vorteil.

Nennen Sie Ihren Preis oder sagen Sie, was Sie anzubieten haben. Dann machen Sie einen Punkt und – schweigen. Lehnen Sie sich innerlich zurück und warten ab, was passiert. Je länger Sie diese Spannung aushalten können, desto eher gerät Ihr Gegenüber in Zugzwang, und Sie eben nicht!

Auch wenn Sie auf diese Frage: „Können Sie den Tagessatz noch reduzieren?" antworten: „Nein, das ist leider nicht möglich!", eignet sich als weitere Verhandlungsstrategie – Schweigen!

Hier ist oft die Verführung groß, das Nein genau zu erklären und zu rechtfertigen. Sie tun sich damit aber keinen Gefallen. Vielmehr bieten Sie Ihrem Gegenüber ganz oft neues Futter und Angriffsflächen für den nächsten Versuch. Auch wenn es schwerfällt: Halten Sie die Klappe!

Wer fragt, der führt, und wer zuhört, erfährt mehr!

Trainieren und kultivieren Sie für sich, offene Fragen zu stellen. Oft stellen wir geschlossene Fragen, auf die unser Gegenüber nur mit Nein oder Ja antworten kann, oder wir begnügen uns mit oberflächlichen Antworten und haken nicht genügend nach.

Seien Sie einmal richtig neugierig auf die Motive und Beweggründe Ihres Gegenübers. Und denken Sie mal daran, wie es Ihnen selbst geht, wenn Sie gefragt werden, Ihnen jemand wirklich zuhört, Interesse zeigt und dranbleibt. In der Regel werden Sie dann mehr von sich offenbaren, als Sie eigentlich vorhatten. Sie lassen sich in die Karten schauen und verraten Ihre Motive und Strategien. Für eine Verhandlung sind das wichtige und hilfreiche Informationen. Je besser es Ihnen gelingt, Ihr Gegenüber einzuschätzen, umso mehr können Sie Ihre Strategie und Argumente an die Situation und die Gegebenheiten anpassen. Darüber hinaus können Sie das Gespräch lenken, Schwerpunkte setzen oder auch für Sie nicht vorteilhafte Themen umschiffen. Ganz nebenbei übernehmen Sie so die Gesprächsführung, und das stärkt immer die eigene Verhandlungsposition.

6.4 Verhandlungstypen und -Strategien

Wir Menschen sind ganz unterschiedlich und das zeigt sich auch in Verhandlungen. Meiner Erfahrung nach zeigen sich drei Hauptkategorien für Verhaltensweisen in Verhandlungen, die ich im Folgenden als Verhandlungstypen beschreiben möchte.

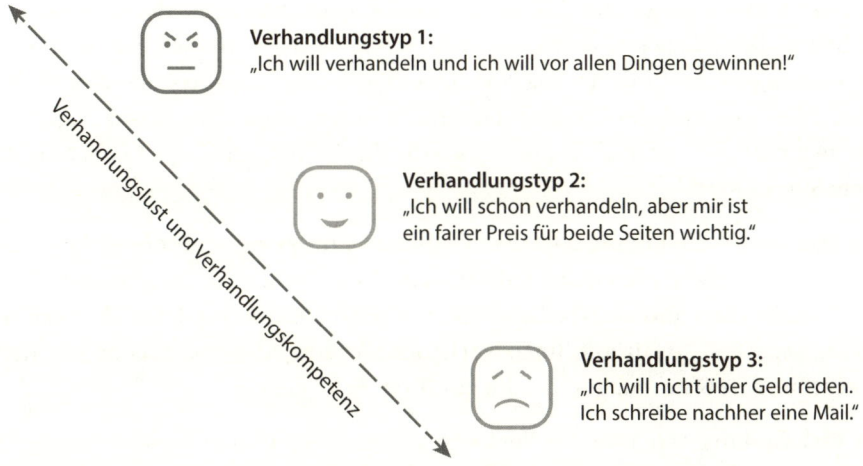

Verhandlungstyp 1:
„Ich will verhandeln und ich will vor allen Dingen gewinnen!"

Verhandlungstyp 2:
„Ich will schon verhandeln, aber mir ist ein fairer Preis für beide Seiten wichtig."

Verhandlungstyp 3:
„Ich will nicht über Geld reden. Ich schreibe nachher eine Mail."

Abbildung 6.2: Verhandlungstypen

Jeder dieser Verhandlungstypen ist mit Vor- und Nachteilen ausgestattet. Für Sie ist wichtig, dass Sie erst einmal lernen, sich selbst einzuschätzen und dann schnell zu verstehen, welcher Verhandlungstyp Ihnen gegenübersitzt / -sitzen wird. Von dieser Einschätzung hängt Ihre Strategie ab, mit der Sie zu Ihrem Ziel kommen.

Verhandlungstyp 1 – so viel ist klar – ist mit allen Wassern gewaschen. In Verhandlungen mit ihm wird es „kernig". Bereiten Sie sich also gut vor, stecken Sie sich direkt mehrere Asse in den Ärmel. Es kann sein, dass Sie bei diesem Verhandlungstypen einen Rabatt geben *müssen*, einfach damit er Ruhe gibt. Wenn Sie das wissen, planen Sie diesen Rabatt bereits im Angebot mit ein. Falls Sie das nicht getan haben, macht es Sinn, ein tolles Add-on (Zusatzleistung) anzubieten. Aber hier gilt: Nicht einfach geben, sondern diese Zusatzleistung wirklich verkaufen. Hier zieht die „Du-bist-aber-auch-ein-harter-Hund"-Strategie. Machen Sie immer wieder Komplimente für das Verhandlungstalent, winden Sie sich ordentlich, um dann unter „Schweiß und Tränen" das Add-on rauszurücken. Immer daran denken: Typ 1 will vor allem gewinnen. Das heißt eben auch, dass Sie „verlieren". Genau das müssen Sie für Ihr Gegenüber spürbar machen – und da hilft durchaus ein wenig Dramatik.

Verhandlungstyp 2 ist sehr sympathisch, fair und kann gut verhandeln. Aber Sie sollten ihn bitte auf keinen Fall unterschätzen. Sein fairer Preis für beide Seiten kann anders aussehen als Ihre Vorstellung von einem fairen Preis. Bitte bereiten Sie sich auch hier gut vor, wobei Sie sich durchaus das Ass in den Ärmel stecken und ein kleines Geschenk (Add-on) dabeihaben. Aber in einer Hinsicht können Sie beruhigt sein: In der Verhandlung wird es nicht so heiß hergehen wie in der mit Typ 1.

Bei Typ 2 können Sie gut die „Werte-Strategie" nutzen, indem Sie immer wieder herausheben, dass Fairness und eine vertrauensvolle Zusammenarbeit ja so wichtig für den Trainings- oder Projekterfolg sind. Oder Sie betonen, dass ein zu knapp kalkulierter Preis während des Projekts dazu führen kann, dass dann keine Zugeständnisse mehr möglich sind. „Das nimmt uns die Flexibilität, und das ist sicher nicht in Ihrem Sinne, oder?"

Sie zeigen damit die Konsequenzen des unfairen Preises auf und sorgen dafür, dass Ihr Preis auf größere Akzeptanz trifft. Das Add-on können Sie kurz vor dem Ja aus dem Ärmel ziehen und als Geschenk überreichen, zum Beispiel dafür, dass Ihr Verhandlungspartner so fair mit Ihnen war. Auch hier sorgt das eine oder andere Kompliment für gute Stimmung und zahlt auf Ihren Erfolg ein.

Mit Verhandlungstyp 3 werden Sie keine Verhandlung führen, es sei denn, Sie forcieren das Thema Preis. Aber freuen Sie sich bitte nicht zu früh, denn das heißt leider nicht, dass Typ 3 Ihren Preis akzeptiert. Es heißt lediglich, dass Ihr Gegenüber nicht darüber sprechen möchte. Meist kommt nach dem Gespräch eine Mail mit einem Rabattvorschlag. Auch sieht der Vertragsentwurf oft etwas anderes vor als von Ihnen angeboten oder es kommt einfach eine Absage ohne weiteres Feedback. Hier sollten Sie deshalb ganz klar die Verhandlung anstoßen und den Preis thematisieren. Versuchen Sie, sich am Verhandlungstisch das Ja zu holen. Im Nachgang könnte das nämlich sehr schwer werden.

Bei Typ 3 können Sie beispielsweise die „Am-Ende-Strategie" nutzen. Sie beginnen das Gespräch einfach mit: „Ich würde gerne den Preis erst einmal ausklammern und über die Inhalte und Qualität des Angebots sprechen. Ist das für Sie o.k.?" Damit haben Sie bereits am Anfang klar signalisiert, dass das Thema Preis noch kommt, und gleichzeitig können Sie erst alle Inhalte klären und eine Vertrauensbasis schaffen.

Bevor Sie dann den Preis ansprechen, holen Sie sich auf jeden Fall das Ja zur Zusammenarbeit. Das können Sie so machen: „Bevor wir über den Preis sprechen, würde ich zunächst gerne wissen, ob alles inhaltlich für Sie passt und Sie sich eine Zusammenarbeit vorstellen können?" Oder: „Mal angenommen, wir werden uns preislich einig, würden Sie dann mit mir zusammenarbeiten?"

Sobald Sie diesen sogenannten Testabschluss gemacht haben, können Sie zum Preis kommen. Mit guter Vorbereitung und einem guten Standing werden Sie Typ 3 schon hinter dem Ofen hervorlocken und die Verhandlung positiv für sich entscheiden.

Produkt
Angebot

Coach

6.5 Sie sind nicht Ihr Produkt!

Dieser Hinweis ist ganz wichtig für alle, die eine Beratungs- oder Coachingleistung verkaufen und somit ein untrennbarer Teil ihres Produkts sind. Damit aber das Ringen um den Preis nicht auf den Selbstwert schlägt, ist eine gute Distanz von Ihrem „Ich als Mensch" zu Ihrem „Produkt" sinnvoll und hilfreich.

Mein persönliches Bild dazu: Strecken Sie ihre Hände (oder eine Hand) so aus, als wollten Sie Ihrem Gegenüber einen Apfel anbieten. Stellen Sie sich nun vor, dieser Apfel ist Ihr Produkt. Ganz entspannt können Sie so gemeinsam mit Ihrem Gegenüber das Produkt anschauen, sich darüber austauschen und auch über den richtigen Preis verhandeln.

Mit diesem inneren Bild schaffen Sie zwischen sich selbst und Ihrem Produkt eine gute Distanz, um immer wieder zu spüren: Bei der Preisverhandlung geht es nicht um Sie als Mensch, sondern lediglich um ein Produkt, das Sie anbieten. Beherzigen Sie das, schlagen Ihnen künftig die Preisverhandlungen nicht mehr auf Ihren Selbstwert!

Und zum guten Schluss – ein bisschen Spaß muss sein!

Sind Begeisterung und Freude mit im Spiel, machen uns die Dinge nicht nur mehr Spaß, sondern wir sind auch erfolgreicher. Sobald Sie anfangen zu trainieren und besser zu werden, werden sich mehr Leichtigkeit und Freude in Ihre Verhandlungen einschleichen – und eben auch mehr Erfolg!

7. | Social Media – ohne Dialog nichts los!

(Claire Oberwinter)

Social Media sind aus unserem Alltag nicht mehr wegzudenken. Jede Minute werden weltweit

- auf Facebook 3,1 Mio. Likes vergeben und 3 Mio. Beiträge geteilt,
- 430.000 Tweets gesendet,
- 2,7 Mio. Videos auf YouTube angeschaut,
- 56.000 Bilder auf Instagram hochgeladen und
- 26 neue Bewertungen auf Yelp geschrieben.[4]

Auch in Deutschland ist die Social-Media-Nutzung mit 80 % aller Internetnutzer[5] extrem hoch. Wenn Sie als Coach noch nicht auf Social-Media-Kanälen aktiv sind, sich mit der Nutzung noch schwertun oder unsicher im Umgang damit sind, ist es höchste Zeit für Sie, sich intensiv damit zu befassen. Ich möchte Ihnen deshalb in diesem Kapitel dieses wichtige Thema schmackhaft machen und Ihnen Tipps mit auf den Weg geben, damit Sie sich als Coach optimal in den sozialen Medien präsentieren können.

7.1 Begriffsklärung: Was sind Social Media?

Was grundsätzlich unter „Social Media" zu verstehen ist, möchte ich zunächst mithilfe von zwei verschiedenen, inhaltlich aber ähnlichen Definitionen klären:

> **Definition 1:** Social Media (deutsch: soziale Medien) findet Verwendung als Überbegriff für Medien, in denen Internetnutzer Erfahrungen, Meinungen, Eindrücke oder Informationen **austauschen** und **Wissen sammeln**.[6]

---

4   Quelle: ↗ https://visual.ly/community/infographic/technology/things-happen-internet-every-60-seconds
5   Quelle: ↗ http://social-media-atlas.faktenkontor.de/2015/index.php
6   Quelle: ↗ http://www.onlinemarketing-praxis.de/glossar/social-media-soziale-medien

> **Definition 2:** Soziale Medien dienen der – häufig profilbasierten – **Vernetzung** von Benut- zern und deren **Kommunikation** und **Kooperation** über das Internet.[7]

Die zentralen Begriffe in diesen beiden Definitionen habe ich fett hervorgehoben, um Ihnen zu zeigen, worum es bei Social Media im Kern geht, nämlich um:

- Austausch
- Wissen teilen und sammeln
- Vernetzung
- Kooperation

Oder, wie ich immer sage: „Social Media ist Dialog!" Es geht vor allem darum, sich zu vernetzen, eine Verbindung und eine nachhaltige Beziehung zu anderen Men- schen aufzubauen und sich auszutauschen. Wenn Sie diesen Punkt beachten und verinnerlichen, dann kann gar nicht mehr viel schiefgehen.

7.2 Welche Chancen und welche Risiken gibt es?

Bei der Nutzung von Social Media gibt es viele Chancen, aber auch ein paar Risiken, wobei ich betonen möchte, dass in meinen Augen die Chancen eindeutig überwiegen.

Im Folgenden möchte ich zunächst die großen Chancen auflisten. Wenn Sie Social Media nutzen, dann können Sie …

- die Beziehung zu Ihren Kunden stärken,
- neue Kunden generieren,
- die eigene Zielgruppe besser kennenlernen,
- Ihren Bekanntheitsgrad steigern und Ihre Sichtbarkeit verbessern,
- Ihren Expertenstatus auf- und ausbauen,
- aktiv mitreden, statt nur passiv zuzuschauen,
- Transparenz und Offenheit demonstrieren,
- Vertrauen zu potenziellen Kunden aufbauen.

Die Risiken möchte ich Ihnen aber selbstverständlich nicht vorenthalten:

- Es besteht die Gefahr, sich zu verzetteln, und Social Media können große Zeit- fresser sein.
- Der ROI (Return On Investment) ist schwer messbar. Sie werden also nicht klar erkennen können, ob Ihre (zeitliche) Investition in Social Media auch in eine Um- satzsteigerung mündet.

---

7   Quelle: ↗ http://wirtschaftslexikon.gabler.de/Definition/soziale-medien.html

- Wenn Sie Ihre Meinung „da draußen" veröffentlichen, machen Sie sich angreifbar.
- Es ist möglich, dass auch nicht wünschenswerte Informationen verbreitet werden.

Jetzt kommt in meinen Augen das große ABER, das die Risiken zwar nicht eliminiert, sie aber abschwächt: Es wird ohnehin über Sie im Internet gesprochen und sich ein Bild von Ihnen gemacht. Deshalb ist es besser, Sie werden selbst aktiv und präsentieren sich nach Ihren Wünschen.

7.3 Und jetzt ganz praktisch: Erstellen Sie für sich eine Social-Media- und Content-Strategie

Wenn Sie in den sozialen Medien aktiv sind oder es werden möchten, sollten Sie dies nie ohne eine passende Strategie tun, denn sonst besteht die Gefahr, dass Sie sich verzetteln und damit wertvolle Zeit verlieren. Möglicherweise verfehlen Sie auch Ihre Ziele und wenden sich wahrscheinlich von Social Media ab, da „es ja nichts bringt". Um dies zu vermeiden und damit Sie bestmöglich profitieren, können Sie nun in wenigen Schritten eine auf Sie zugeschnittene Strategie erstellen.

7.3.1 Ziele: Machen Sie sich klar, was Sie mit Ihren Social-Media-Aktivitäten erreichen möchten

Nur wenn Sie wissen, was Sie genau erreichen möchten, können Sie die richtigen Inhalte vorbereiten und die passenden Plattformen auswählen. Denn jemand, der das Ziel verfolgt, neue Mitarbeiter über Social Media zu rekrutieren, bewegt sich in ganz anderen Bereichen als jemand, der einen dedizierten Kanal für Kundenservice aufbauen möchte.

Das wohl gängigste Ziel ist sicher, die eigene Sichtbarkeit zu erhöhen und damit neue Kunden zu gewinnen bzw. bereits vorhanden Kunden an sich zu binden. Weitere Ziele können sein, das eigene Produkt zu optimieren, eine Community um das eigene Produkt aufzubauen, Crowdsourcing zu betreiben, Traffic für die Website zu generieren usw. Manche Ziele überschneiden sich oder greifen ineinander, aber wie Sie sehen können, ist es nicht einfach damit getan, auf Social Media sein zu müssen oder zu wollen.

> **AUFGABE**
>
> Überlegen Sie sich, was Sie erreichen möchten, und halten Sie Ihre Ziele schriftlich fest.

7.3.2 Ihr Wunschkunde: Überlegen Sie, wen Sie ansprechen möchten

Im zweiten Schritt legen Sie fest, wen Sie erreichen möchten und wer Ihre Kunden sind. Wenn Sie im B2B-Bereich unterwegs sind, also vor allem mit Firmenkunden zu tun haben, kommen eventuell andere Netzwerke in Betracht, als wenn Sie sich vor allem an Endverbraucher richten. Es kann auch sein, dass Sie mehrere Zielgruppen haben. Wenn Sie zum Beispiel mit Multiplikatoren und Influencern (= Meinungsführer) zusammen arbeiten möchten, erreichen Sie diese möglicherweise auf anderen Kanälen als Ihre Kunden.

Schauen Sie sich daher an, welche Produkte Sie anbieten, an wen sich Ihre Angebote richten bzw. wen Sie außerdem ansprechen möchten, um Ihre Coaching- oder Trainings-Angebote besser zu vermarkten. Wenn Sie bereits gut positioniert sind, sollte dieser Teil ein Klacks für Sie sein, denn im Rahmen ihres Prozesses haben Sie sich ja bereits ein Wunschkundenprofil erarbeitet, das Sie nun einsetzen können.

AUFGABE

> Wenn Sie noch kein Wunschkundenprofil haben, sollten Sie spätestens jetzt damit loslegen. Ich empfehle Ihnen, dafür das Buch „Erfolg durch Positionierung" von Ruth Urban und Tanja Klein zur Hand zu nehmen, denn dort steht alles drin, was Sie für die Bearbeitung dieser Aufgabe benötigen.

7.3.3 Content-Strategie: Legen Sie fest, welche Inhalte Sie veröffentlichen möchten

Von der Wahl der Inhalte und Formate hängt auch die Wahl der richtigen Plattform(en) ab. Daher gilt es an dieser Stelle herauszuarbeiten, welche Inhalte aus Ihrer Tätigkeit heraus entstehen oder vorhanden sind und welche davon für Ihre Zielgruppe relevant sind.

Bei jedem Coach sind Relevanz und Mehrwert in Bezug auf den eigenen Content anders definiert. Kurz gesagt: Relevante Inhalte sind Inhalte, …
- die ein Problem Ihres Wunschkunden lösen,
- mit denen Sie Ihre fachliche Expertise unter Beweis stellen und Vertrauen zu Ihrem Wunschkunden aufbauen können.

Schritt 1: Inhalte zusammenstellen

Aber wie kommen Sie an Content bzw. wie erstellen Sie eigenen und relevanten? Dazu möchte ich Ihnen verschiedene Ansätze zeigen:

Content Creation (Erschaffen von Inhalt) auf Basis der Probleme Ihrer Wunschkunden: Ihre Kunden bieten Ihnen mit ihren Fragen und den Problemen, mit denen sie zu Ihnen kommen, die beste Basis für relevanten Content. Greifen Sie diese Fragen und Probleme in Ihren Social-Media-Beiträgen auf und geben Sie Ihren Fans und Followern damit interessante Impulse mit auf den Weg.

Geschichten aus dem eigenen Berufsalltag aufgreifen: Die besten Geschichten erzählt das Leben selbst. Ich bin mir sicher, dass Sie in Ihrem Berufsalltag viele Geschichten und Begebenheiten vorfinden, die es sich zu erzählen lohnt (z. B. der Besuch von Konferenzen, eine inspirierende Begegnung, eine Neuigkeit …). Wichtig ist, dass Sie diese Ereignisse als Kommunikationsanlass erkennen und sie auch wirklich zum Ansporn nehmen, etwas darüber auf Ihren Social-Media-Kanälen zu erzählen.

Regelmäßige Formate festlegen: Eine tolle Möglichkeit, um Ihren Redaktionsplan zu füllen, sind regelmäßige Formate. Denn Geschichten aus Ihrem Unternehmen können Sie nur teilweise planen. Um aber solche spontanen Inhalte mit strategisch geplanten zu ergänzen, helfen Ihnen regelmäßige Formate, die Sie auf Ihren Social-Media-Kanälen posten können. Beispiele dafür sind:

- Tipp der Woche
- Zitate
- Listen (Fünf Tipps für …)
- Ihre Blogbeiträge
- Etwas Persönliches über Sie selbst
- etc.

Content Repurposing (Wiederverwendung von Inhalten): Sie müssen das Rad nicht immer wieder neu erfinden! Sie können unglaublich viel Zeit sparen, wenn Sie Ihre Inhalte, die Sie erstellen, immer wieder verwenden. Darum geht es beim Thema „Content Repurposing", das übersetzt so viel bedeutet wie „Wiederverwendung von Inhalten". Damit meine ich zwei Dinge:

1. Überlegen Sie immer, wie Sie bereits erstellte Inhalte auf andere Art und Weise wieder verwenden können. Aus einem Blogbeitrag mit „Neun Tipps für …" lassen sich beispielsweise neun einzelne Tipps für Social-Media-Beiträge zusammenstellen.
2. Sie können auch Inhalte wieder verwenden, indem Sie sie mehrfach posten. Achten Sie nur darauf, dies in einem gewissen zeitlichen Abstand zu machen und nicht gleich eine Woche später.

Content Curation (Zusammenstellen / Kuratieren von fremden Inhalten): Auch über Content Curation können Sie viel spannenden Content generieren. Damit sind Inhalte gemeint, die thematisch zu Ihrem Fachgebiet passen, die aber nicht von Ihnen erstellt wurden. Auch damit können Sie sich einen Expertenstatus erarbeiten und sich zudem noch mit von Ihnen geschätzten Kollegen vernetzen. Diese Quellen bieten sich generell an für Content Curation:

- Ihre persönlichen Kontakte (auch die auf Social Media)
- Facebook-Seiten und -Gruppen aus Ihrem Fachgebiet
- Blogs / Online-Magazine
- Pinterest
- Twitter
- RSS Reader
- User-generated content (Inhalte, die Ihnen von Ihren Fans und Followern zur Verfügung gestellt werden, z. B. Referenzen)
- Talkwalker Alerts (E-Mail-Benachrichtigungen zu von Ihnen festgelegten Stichwörtern)

AUFGABE

Nun haben Sie einige Impulse erhalten, wie Sie an Inhalte für Ihre Social-Media-Kanäle kommen. Ihre Aufgaben dazu (A–E) sind an dieser Stelle, diese Inhalte zusammenzustellen, um sie im nächsten Schritt in einen Redaktionsplan zu überführen, damit dieser schon zu Beginn Ihrer Social-Media-Aktivitäten bereits gut gefüllt ist.

A. Content basierend auf den Problemen Ihrer Kunden:

- Mit welchen Problemen kommen Ihre Kunden üblicherweise zu Ihnen? Was sind dabei die größten Probleme bzw. was ist das größte Problem?
- Was möchte der Kunde am Ende Ihrer Zusammenarbeit erreicht haben? Welche Resultate wünscht er sich?

Wenn Sie alle Antworten notiert haben, erstellen Sie bitte eine Tabelle mit zwei Spalten. In die linke Spalte tragen Sie die eben notierten Punkte ein, pro Zeile einen Punkt. In die rechte Spalte tragen Sie nun die dazu passenden Antworten ein. Anschließend haben Sie bereits eine Fülle von Inhalten beieinander, die Sie für Social-Media-Posts nutzen können.

B. Geschichten aus Ihrem Berufsalltag:

- Welche Geschichten sind in letzter Zeit bei Ihnen im Business aufgekommen (Konferenzen, Kundengespräche, Workshops, Weiterbildungen, eine inspirierende Begegnung ...)?
- Welche Geschichten / Erlebnisse ereignen sich regelmäßig?

Diese Übung soll Sie vor allem dafür sensibilisieren, künftig Geschichten in Ihrem Business gleich als Anlass für einen Social-Media-Beitrag wahrzunehmen.

C. Regelmäßige Formate festlegen

- Welche Geschichten eignen sich für ein regelmäßiges Content-Format?
- Welche Reihen und Serien können Sie für Ihr Business ins Leben rufen?

Nach dieser Übung sollten Sie idealerweise mindestens zwei, besser noch drei bis vier Inhalte haben, die Sie als regelmäßiges Format für Ihre Social-Media-Kanäle nutzen können.

D. Content Repurposing

Fertigen Sie eine zweispaltige Tabelle aller Inhalte an, die Sie bereits erstellt haben. Links tragen Sie die Inhalte ein, die Sie für die Wiederverwendung nutzen möchten (Blogbeiträge, Vorträge etc.). Und rechts tragen Sie ein, wie Sie diese Inhalte auf Ihren Social-Media-Kanälen wiederverwenden können (z. B. ein zweites Mal posten, die Inhalte auf verschiedene Posts aufteilen etc.).

E. Content Curation

Suchen Sie sich die passenden Quellen heraus (idealerweise zwei bis drei, denn sonst wird es leicht zu viel) und stellen Sie sicher, diese Quellen regelmäßig nach interessantem Content zu durchsuchen und sich diesen strukturiert abzuspeichern.

Nach Erledigung der Aufgaben A–E haben Sie ganz sicher eine Fülle an Inhalten zusammengetragen, die Sie für Ihre Social-Media-Kanäle nutzen können. Einige davon enthalten konkret fachlichen Input, andere stellen Sie als Person in den Vordergrund. Vielleicht fragen Sie sich an dieser Stelle, was die eher persönlichen Beiträge mit Relevanz und Mehrwert zu tun haben. Solche Beiträge lösen sicher kein Problem, aber sie schaffen Vertrauen. Hochgradig relevante Beiträge im fachlichen Sinne schaffen fachliches Vertrauen in Sie als Experten auf Ihrem Fachgebiet. Persönliche Beiträge haben aber auch eine hohe Relevanz, da sie Vertrauen auf menschlicher Ebene schaffen. Daher sollten Sie auf diese Beiträge keinesfalls verzichten! Wie so oft kommt es auch hier auf die Mischung und die richtige Dosis an, die Sie sicher schnell finden werden.

Schritt 2: Einen Redaktionsplan erstellen

Nun gilt es, alle Inhalte, die Sie sich in Schritt 1 zusammengestellt haben, „in eine Struktur zu gießen". Dafür empfehle ich Ihnen einen Redaktionsplan, in dem Sie all Ihre Inhalte systematisch und strategisch planen können. Sie können mit einer Excel-Liste arbeiten, mit einem Redaktions- und Planungstool wie z.B. Scompler oder auch mit einem einfachen Kalender. Wählen Sie das Tool, das Ihnen am meisten zusagt, denn es soll Ihnen schließlich leichtfallen, damit dauerhaft zu arbeiten.

Anfangs mag es Ihnen erscheinen, als hätten Sie mit dem Pflegen eines Redaktionsplans mehr Aufwand. Ich weiß aber aus eigener Erfahrung und auch aufgrund von Rückmeldungen meiner Kunden, dass er Ihnen langfristig helfen wird, Ihre Inhalte besser zu planen. Besondere Anlässe können Sie so von vornherein besser berücksichtigen und Sie haben insgesamt einen besseren Überblick. Das gilt vor allem dann, wenn Sie mehr als einen Kanal bedienen; Sie können dann Ihre Inhalte und Aktivitäten besser koordinieren und planen.

Zunächst ist es sinnvoll, dass Sie sich eine grundsätzliche Struktur für Ihre Inhalte überlegen. Vielleicht machen Sie montags immer einen inspirierenden Beitrag mit einem Zitat, dienstags posten Sie einen externen Link zu einem Fachbeitrag usw.

Natürlich muss diese Struktur nicht vollständig starr sein, denn Sie möchten sich ja sicher Platz für spontane Inhalte lassen. Wenn Sie aber zumindest schon mal zwei bis drei Beiträge pro Woche fest planen, erleichtert Ihnen das Ihre Arbeit ungemein und sorgt für ein beruhigendes Gefühl.

Diese grundsätzliche Struktur übertragen Sie anschließend in Ihren Redaktionsplan. Tragen Sie dort ebenfalls bereits feststehende Termine ein, die für einen Social-Media-Post relevant sein können. Damit meine ich einerseits so was wie Feiertage, andererseits aber auch Termine wie Veranstaltungen, auf denen Sie einen Vortrag halten usw. Wenn Sie diese feststehenden Termine schon in den Redaktionsplan eintragen, haben Sie einen hervorragenden Überblick über alle anfallenden Themen der nächsten Wochen und Monate.

AUFGABE

- Überlegen Sie sich eine Struktur für Ihre Themen,
- übertragen Sie diese in einen Redaktionsplan Ihrer Wahl (also Tabelle, Kalender ...)
- und tragen Sie feststehende Termine, für die sich ein Social-Media-Beitrag lohnt, ebenfalls in den Plan ein.

Um sich nicht zu viel Stress zu machen, machen Sie das erst einmal für die kommenden vier Wochen. Später können Sie zeitlich noch weiter voraus planen und Ihre Planung für die folgenden Monate festlegen.

7.3.4 Plattformen: Welche passen zu Ihren Zielen, Ihrer Zielgruppe und Ihren Inhalten?

Jetzt kennen Sie Ihre Ziele, Sie haben ein klares Bild, wen Sie erreichen möchten und mit welchen Inhalten. Nun geht es darum, die Plattformen auszusuchen, die genau dazu passen. Es gibt natürlich Hunderte Netzwerke, die prinzipiell infrage kommen. Welche Plattformen Sie letztendlich für sich auswählen, ist abhängig von …

- Ihren Zielen: Können Sie dort Ihre Ziele erreichen?
- Ihrem Wunschkunden: Ist Ihr Wunschkunde auf dieser Plattform anzutreffen?
- Ihren Inhalten und Formaten: Welche Inhalte haben Sie und für welche Plattformen eignen sich diese am ehesten?
- Ihrer persönlichen Präferenz: Mit welcher Plattform kommen Sie gut zurecht und mit welcher gar nicht?
- Ihren zeitlichen Ressourcen: Wie viel Zeit haben Sie für die jeweilige Plattform zur Verfügung?

AUFGABE

Starten Sie mit einer Recherche zu den wichtigsten und relevantesten Social-Media-Plattformen in Deutschland und wählen Sie davon die drei bis vier Plattformen aus, die für Sie prinzipiell infrage kommen. Anschließend nehmen Sie sich jede Plattform einzeln vor und beantworten die obigen Fragen mithilfe einer Skala von 1 (passt gar nicht / trifft überhaupt nicht zu) bis 10 (passt perfekt). Sie haben dann eine gute Basis, um zu entscheiden, mit welchen Plattformen Sie wirklich arbeiten möchten.

Tipp: Gehen Sie zunächst mit einem Kanal (dem für Sie wichtigsten) in die Umsetzung und schauen Sie, dass Sie dort kontinuierlich aktiv sind. Wenn dieser Kanal gut läuft, können Sie den nächsten hinzunehmen. Insgesamt sollten Sie nicht mehr als drei oder maximal vier Kanäle haben. Werden es mehr, ist es erfahrungsgemäß schwierig bis unmöglich, alle Kanäle optimal zu pflegen. Ein bis drei gut gepflegte Kanäle wirken wesentlich positiver als sechs halb verwaiste und schlecht gepflegte!

7.3.5 Erfolgskontrolle und Optimierung

Legen Sie Kennzahlen fest, mit denen Sie das Erreichen Ihrer Ziele überprüfen können, und optimieren Sie Ihre Social-Media-Strategie regelmäßig. Sehr wichtig ist hier, ein Mittel zur Erfolgskontrolle zu bestimmen. Wenn Ihr Ziel z. B. die Steigerung des Traffics auf Ihrer Website ist, sollte Ihre Erfolgskontrolle darin bestehen, den Traffic zu messen und den Erfolg anhand von Kennzahlen (z. B. die Anzahl der Website-Aufrufe oder auch die Anzahl der aufgerufenen Seiten pro Besucher) zu bestimmen. Die meisten Plattformen bieten integrierte Statistiken, die zur Ermittlung von Standardkennzahlen vollkommen ausreichen.

AUFGABE

Legen Sie die Kennzahlen fest, mit denen Sie den Erfolg Ihrer Social-Media-Aktivitäten messen möchten, und nehmen Sie sich regelmäßig (ein- bis zweimal im Monat) ein wenig Zeit, um Ihre Erfolge zu überprüfen. Diese Ergebnisse sind die Basis, um Ihre Social-Media-Strategie regelmäßig zu optimieren. Eine solche Strategie legen Sie nämlich keineswegs zu Beginn einmal fest, um sie dann bis zum Sankt-Nimmerleins-Tag unverändert beizubehalten. Sie sollten stets die Ergebnisse und auch aktuelle Entwicklungen und Trends im Auge behalten, um Ihre Strategie anzupassen.

7.4 Social-Media-Dos und -Don'ts

Social Media haben eine besondere Dynamik, die nicht mit herkömmlichen Medien zu vergleichen ist. Daher möchte ich Ihnen zum Abschluss des Kapitels die wichtigsten Dos (= Machen!) und Don'ts (= Lassen!) vorstellen, damit Sie gut gerüstet Ihre Aktivitäten starten können und wissen, worauf Sie besonders achten sollten.

7.4.1 Dos

Den eigenen Namen verwenden: Sie sollten auf Ihren Social-Media-Kanälen unbedingt Ihren echten Namen verwenden und keinen verkürzten oder Fantasienamen. Oder möchten Sie als Experte unter dem Namen „Einhörnchen" oder „Pe Tra" bekannt werden?

Eine Strategie haben: Sie sollten nicht kopflos und ungeplant in den sozialen Medien aktiv werden bzw. „neu" starten.

Strategie regelmäßig überarbeiten: Wie schon erwähnt, sollten Sie Ihre Strategie regelmäßig auf den Prüfstand stellen und Ihre Aktivitäten optimieren.

Regelmäßig posten: Wichtiger als die Häufigkeit ist die Regelmäßigkeit. Verteilen Sie Ihre Posts auf unterschiedliche Tage, anstatt sie alle an einem Tag „rauszuhauen" und dann fünf Tage nichts zu machen. Es gibt hierfür besondere Tools, aber die meisten Social-Media-Plattformen bieten integrierte Planungsfunktionen an, mit denen Sie Ihre Beiträge gut verteilen können.

Zuhören und reagieren: Erinnern Sie sich? Social Media sind Dialog! Das heißt auch, dass Sie auf Reaktionen Ihrer Fans und Follower eingehen und sie nicht ignorieren.

Fans und Follower einbeziehen: Ihre Fans und Follower möchten Sie auch persönlich kennenlernen. Lassen Sie sie an Ihrem (Berufs-)Alltag teilhaben und beziehen Sie sie auch aktiv in Ihre Business-Strategie ein, indem Sie sie fragen, was Sie von Ihren Ideen halten.

Einen Mehrwert bieten: Nur wenn Sie Ihren Fans und Followern einen Mehrwert bieten, werden Sie langfristig Erfolg haben und sich als Experte auf Ihrem Gebiet einen Namen machen können.

Authentisch sein: Zeigen Sie sich ab und zu von Ihrer persönlichen Seite und seien Sie authentisch. Auf Social-Media-Kanälen möchten Menschen mit Menschen reden! Dazu zählt auch, dass Sie sich nicht hinter Ihrem Logo verstecken, sondern ein professionelles Porträtfoto für Ihre Kanäle als Profilbild nutzen.

Mit Videos arbeiten: Bewegte Bilder funktionieren auf so ziemlich allen Plattformen sehr gut und erzielen hohe Reichweiten und viele Interaktionen. Binden Sie also Video-Content aktiv in Ihre Content-Strategie ein!

Vernetzt denken: Sehen Sie Ihre Social-Media-Kanäle und Ihre anderen Kommunikationskanäle (z. B. Ihren Newsletter) nicht als separate Medien, sondern schauen Sie, wie Sie Ihre Inhalte mehrfach nutzen können – aber immer passend zum jeweiligen Kanal natürlich!

Ausprobieren: Es gibt nicht *den* goldenen Social-Media-Weg auf Social Media, der jeden zum Erfolg führt. Probieren Sie sich aus, testen Sie unterschiedliche Formate und Inhalte und schauen Sie immer wieder, womit Sie besonders erfolgreich sind.

7.4.2 Dont's

Zu viele Kanäle bedienen: Wie schon erwähnt, sollten Sie sich auf wenige, dafür ausgewählte Kanäle konzentrieren. Wie so oft kommt es auf die Qualität an, nicht auf die Quantität!

Kanäle alle mit exakt dem gleichem Content bedienen: Jeder Kanal erfordert eine andere Tonalität, Sprache oder / und Bildwelt.

Monologe führen: Führen Sie keine Monologe! Die Nutzer der Plattformen sind nicht allein dafür da, dass Sie Ihre Botschaft in die Welt hinaus „brüllen". Sehen Sie Ihren Content vielmehr als Kommunikationsanlass an, der idealerweise zu einem spannenden Dialog führt.

Verkaufen wollen: Ich muss es ganz klar sagen: Social Media dienen nicht dem Verkauf Ihrer Dienstleistungen! Verzichten Sie also weitgehend auf Beiträge, die nur dem Verkauf Ihrer Workshops oder Beratungen dienen. Das ist nicht „social"!

Zu wenig oder zu viel Aktivität: Zu wenig Aktivität verschafft Ihnen langfristig keine verbesserte Sichtbarkeit, zu viel Aktivität kann Ihre Fans und Follower möglicherweise nerven. Finden Sie für jeden Kanal die optimale Frequenz bzw. lassen Sie sich von ganz groben Empfehlungen leiten[8].

Nur in Follower- und Fanzahlen denken: Nicht die Anzahl der Fans und Follower auf Social Media ist das entscheidende Kriterium für den eigenen Erfolg. Wichtiger ist, dass Sie die *richtigen* Fans und Follower haben, die sich für Sie interessieren und mit Ihren Beiträgen interagieren. Auch hier gilt: Qualität ist wichtiger als Quantität!

Zu viele Rechtschreib-, Tipp- und Grammatikfehler: Achten Sie bei Ihren Beiträgen darauf, dass diese möglichst keine oder, wenn überhaupt, dann nur wenige Fehler enthalten. Nichts ist peinlicher als ständige Schreibfehler und es wirkt nach außen einfach wenig professionell.

Posten um des Postens willen: Ein weiteres, aber auch letztes Mal greift hier das Mantra „Qualität vor Quantität"! Posten Sie keine irrelevanten Beiträge, nur um etwas gepostet zu haben. Die Relevanz ist entscheidender, und wenn es einmal nichts zu sagen gibt, dürfen Sie auch gerne mal schweigen.

Beiträge löschen: Löschen Sie keine Beiträge und schon gar keine Kommentare von anderen Nutzern, die Ihnen unangenehm sind. Gehen Sie lieber in den Dialog und versuchen Sie, Unstimmigkeiten in einem Gespräch zu klären.

---

8   Z. B. hier: http://t3n.de/news/social-media-wie-oft-posten-735409/how-often-should-you-post-on-social-media/

Beleidigen: Selbstverständlich sollten Sie auch auf Social-Media-Kanälen stets im angemessenen Ton mit anderen Nutzern kommunizieren. Beleidigungen sind tabu, selbst wenn Sie selber beleidigt wurden!

Angst haben: Auch wenn es in den sozialen Medien manchmal etwas rau zugeht bzw. es Shitstorm-Fälle geben kann, haben Sie bitte keine Angst vor Social Media! Sie werden schnell lernen, dass Sie es ohnehin nie allen Menschen recht machen können und echte Shitstorms bzw. heftige persönliche Angriffe doch eher selten sind.

Jetzt sind Sie gut gerüstet, um in den Social Media aktiv zu werden bzw. Ihre Aktivitäten zu optimieren und auf das nächste Level zu heben. Ich wünsche Ihnen viel Erfolg dabei, und bleiben Sie immer schön „social"!

8. | Visualisieren im Coaching – ein Weg zur schnellen Klärung und Lösung

(Jörg Schmidt)

8.1 Grundannahmen zum Thema Visualisierung?

- Ca. 80 % aller Informationen verarbeitet das Gehirn über den visuellen Sinneskanal. Nutzen Sie diese Erkenntnis für Ihren Beratungsansatz.
- (Business-)Coaching geht mit den Ressourcen Zeit und Geld des Klienten effizient um. Gestalten Sie den Prozess effektiv, sodass der Coachee schnell vom Problem zur Lösung oder vom Ziel zur Maßnahme kommt.
- Professionelle Coaches nutzen das gesamte Spektrum der verfügbaren Tools und Techniken. Setzen Sie neben der räumlichen Visualisierung mit Symbolen oder Skalierungen auch die schriftliche, bildhafte Visualisierung ein, z. B. am Flipchart.
- Erfolgreiche Coaches heben sich in der Coaching-Landschaft von anderen ab. Setzen Sie ein Ausrufezeichen. Machen Sie Visualisierung im Coaching zu Ihrem Aushängeschild und unterstreichen Sie damit Ihre Professionalität.

8.2 Welche Vorteile hat Visualisierung?

Bilder im Kopf entstehen ganz automatisch, wenn wir Sprachbilder verwenden. Und diese können Sie als Coach nutzen. Skizzen, Metaphern oder Symbole sind eine einfache, aber sehr wirkungsvolle Möglichkeit, um mit dem Klienten in Kontakt zu kommen.

Visualisierungen bringen Gedanken und Emotionen nach außen. Sie bringen subjektive, innere Landkarten des Coachees auf das Papier und veranschaulichen Prozesse und Abläufe. Visualisierungen unterstützen den Klienten, auf Abstand zu seinem „Problem" zu gehen. Sein Thema wird dadurch im praktischen Sinne „handhabbar". Bilder können Denkmuster offenlegen oder Zusammenhänge beschreiben, Wechselwirkungen aufzeigen und somit zum Reflektieren und Dialog einladen.

Visualisierungen stellen selbst komplexe Dinge übersichtlich dar und erleichtern das Verstehen. Sie reduzieren Informationen auf das Wesentliche und machen Zusammenhänge sichtbar, z. B. die des (inneren) Teams mit den beteiligten Akteuren und deren Beziehung zueinander. Ein Bild bietet dem Coachee, aber auch Ihnen einen Überblick über die Situation, über das „System". Die Visualisierung von (inneren) Prozessen, Wechselwirkungen oder Konfliktlinien ist für den Coachee hilfreich, denn er kann jederzeit Bezug darauf nehmen oder weitere Aspekte ergänzen. Er blickt immer wieder auf das Flipchart und orientiert sich mit den eigenen Beiträgen an dem Bild. Zentrale Knackpunkte kristallisieren sich über Bilder und Skizzen heraus.

Durch Bilder vergewissern Sie sich als Coach, ob Sie die (Gedanken- und Gefühls-) Landkarte des Coachees verstanden haben. Der Coachee kann wiederum korrigieren und fehlende Aspekte ergänzen. Visualisierungen unterstützen somit das gegenseitige Verständnis. Das Skizzieren nimmt Tempo aus dem Gespräch, fokussiert, vertieft und lässt wirken.

Bilder lassen einen größeren Deutungsspielraum zu als Worte. Sie ermöglichen das Koexistieren verschiedener Interpretationen, ohne in „richtig" und „falsch" zu unterscheiden.

Das menschliche Gehirn speichert Bilder leichter und vor allem dauerhafter ab als abstrakte Worte, weil mit Bildern emotionale Zustände verankert sind. Im Coaching können Sie so Inhalte schneller und wesentlich nachhaltiger vermitteln. Alles, was mit Bildern und Emotionen verknüpft ist, versteht Ihr Coachee besser, er nimmt es besser auf und behält es. Insofern unterstützen Bilder die Nachwirkzeit wesentlich stärker als Worte. Visualisierte Bilder können zudem abfotografiert werden und schaffen „handfeste Ergebnisse". Und am Ende der Sitzung bekommt der Klient das Bild sogar im Original mit nach Hause.

Abbildung 8.1: Beispiel Landkartenmodell

Durch vorbereitete bewegliche Symbole, z. B. auf statisch haftenden Folien, können Sie Bilder sogar animieren. Der Coachee kann so Veränderungen vornehmen und mit einem mobilen Symbol einen Weg oder Prozess abbilden.

8.3 Worum geht es beim Visualisieren?

Beim Visualisieren im Coaching geht es *nicht* um Kunst! Es geht vielmehr darum, den (Beratungs-)Prozess zu unterstützen. Und auch, wenn Sie selbst unzufrieden sind mit Ihren Visualisierungen: Der Coachee ist sehr dankbar. „Nicht perfekte" Bilder sind sogar sympathisch, denn auch bei den Klienten geht es oft um das Thema Perfektion. Und da wirkt ein nicht ganz so perfekter Coach fast wie die Erlaubnis, selbst auch unvollkommen zu sein.

Sie können mit Visualisierungen nichts „falsch" machen. Wenn Ihnen nach Ihrer Einschätzung ein Bildmotiv nicht gelingt, dann bekommen Sie entweder Nachfragen („Was soll denn das sein?") oder es bringt Humor in die Situation: „Ich dachte, dass sollte ein Hund sein." ☺

Der Coachee ist meist ausreichend mit sich (selbst) beschäftigt und in seine Emotionen verstrickt. Er achtet nicht auf die Qualität der einzelnen Bilder, sondern erlebt vielmehr die unterstützende Wirkung und die Kraft der Visualisierungen.

8.4 Wann ist Visualisierung sinnvoll?

Ganz pragmatisch: Sie können Visualisierungen überall dort einsetzen, wo diese den Prozess unterstützen – von der ersten bis zur letzten Phase des Coachings. Jede Art von Information lässt sich grafisch darstellen, sogenannte harte Fakten oder Gedanken genauso wie Glaubenssätze, Gefühle oder Bedürfnisse. Je komplexer das Thema (die Situation, das Anliegen …), desto mehr Visualisierungen kommen zum Einsatz.

Visualisierungen sind kein Selbstzweck, weil Sie als Coach Bilder vielleicht schön finden oder gern skizzieren. Sehen Sie Visualisierungen als einen Beitrag zum Dialog und zur Klärung. Dabei stehen die Bedürfnisse des Coachees nach Klarheit, Orientierung, Transparenz, Wertschätzung der eigenen Beiträge, Gehört-Werden, Verstehen und Verständnis sowie Effektivität im Vordergrund. Etwas zu visualisieren ist eine prozessunterstützende Serviceleistung für den Coachee, manchmal auch selbst eine Intervention, die das oft übliche „Gesprächssetting" unterbricht. Mit Visualisierungen entsteht eine neue Form des Ausdrucks, die den vertrauten Referenzrahmen verlässt und neue Möglichkeiten schafft.

8.5 Wer visualisiert?

Der Coach, der Coachee oder beide zusammen? Alle drei Varianten sind möglich. Als Coach können Sie Flipcharts im Vorfeld visualisieren und in der Sitzung präsentieren. Sie können die Beiträge des Klienten live mit visualisieren oder ihm Bilder, Symbole oder Motive ad hoc anbieten. Sie können Visualisierungen auch gut in Mini-Trainings- oder Beratungsteilen einsetzen. Zeigen Sie hier ebenfalls vorbereitete Plakate oder visualisieren Sie Fragen oder Denkanstöße spontan mit.

Im Coaching soll ja auch möglichst viel vom Klienten kommen. Laden Sie deshalb Ihren Coachee ein, selbst zu visualisieren. Das ermöglicht ihm, eigene Metaphern, Bilder und Skizzenvorschläge einzubringen. Sie können natürlich auch beide am Flipchart stehen bzw. vor einem Plakat sitzen und gemeinsam eine „Gedankenlandkarte" oder ein (Prozess-)Schaubild erstellen.

Ob das nun Ihr eigenes Bild ist oder der Coachee sich am (Flipchart-)Bild beteiligt: Wichtig ist, eine andere, ergänzende Ausdrucksform zu nutzen.

8.6 Womit visualisiere ich?

Sie können auf Flipchart-Bögen, Zeichenblöcken, TopCharts, DIN-A4-Zetteln oder auf Moderationskarten visualisieren. Schauen Sie, was hilfreich ist und den Prozess unterstützt.

Das (gemeinsame) Visualisieren am Flipchart ist eine Gelegenheit, einmal aufzustehen, um Bewegung in das Coaching oder auch die Situation zu bringen. Methoden der räumlichen Visualisierung, z. B. Aufstellungen oder Skalierungen im Raum, haben u. a. die gleiche Funktion. Die Bewegung kann Spannungen lösen und einen Perspektivenwechsel einleiten.

Visualisierungen auf einem DIN-A4-Blatt (mit Klemmbrett), dem Zeichenblock auf den Knien oder einem TopChart, das als faltbares Display (in etwa Zeichenblockgröße) auf den Tisch gestellt wird, sind ebenso geeignet. Moderationskarten können im Raum, auf dem Boden ausgelegt, leicht verschoben, entfernt oder ergänzt werden.

Achten Sie bei allen Formaten, dass Sie weitestgehend Augenhöhe zum Klienten halten. Abwechslung und die Kombinationen unterschiedlicher Methoden halten die Energie hoch und sind für das gemeinsame Arbeiten wohltuend.

8.7 Was ist beim Visualisieren im Coaching zu beachten?

Es ist hilfreich, wenn der Coachee die Visualisierung zu jeder Zeit sehen und die Entwicklung eines Bildes verfolgen kann. Beim Visualisieren am Flipchart kann das zu einer größeren Herausforderung werden, denn Sie könnten leicht dem Coachee den Rücken zeigen und den Kontakt verlieren. Stehen Sie deshalb auch während des Visualisierens seitlich vom Flipchart und visualisieren Sie mit einer leichten Drehbewegung von der Seite. So kann der Coachee nachvollziehen, was gerade auf dem Blatt passiert. Er sieht nicht Ihren Rücken und muss nicht warten, bis Sie mit der Skizze fertig sind. Er verfolgt die Entstehung des Bildes, bleibt neugierig und gespannt, was passiert, und kann sich dazu Gedanken machen, ob es für ihn passt. So beziehen Sie den Coachee in den Prozess mit ein.

Mit der seitlichen Position zum Flipchart haben Sie auch die Möglichkeit, aus den Augenwinkeln Reaktionen wahrzunehmen oder mit einer leichten Kopfdrehung Kontakt zum Klienten aufzunehmen. Sicher ist es zunächst ungewohnt, auf diese Art und Weise zu visualisieren, und Sie brauchen etwas Übung. Doch mit der Zeit gewinnen Sie die nötige Routine und Sicherheit.

Wie bei allen anderen Coaching-Tools, z. B. Übungen aus der Körperwahrnehmung, der Gestalttherapie, Aufstellungsarbeit oder aus dem NLP, bleibt auch beim Visualisieren die Herausforderung, dieses Tool einzusetzen und gleichzeitig Ihre Präsenz und die ganze Aufmerksamkeit beim Coachee zu halten. Wichtig ist, den Kontakt nicht zu verlieren, weder zum Kunden noch zu sich selbst. Sie sollten sich also nicht von der Methode ablenken lassen, sondern unvermindert die impliziten Botschaften Ihres Coachees wahrnehmen und aufgreifen. Als Coach sind Sie ja eine Art Resonanzkörper und Sie stellen Ihre Beobachtungen und Gefühle zur Verfügung, um sie im Sinne des Klienten nutzbar zu machen.

8.8 Bereite ich etwas vor oder visualisiere ich ad hoc?

Sie können Flipcharts, auf denen Sie ausschließlich Informationen präsentieren, komplett vorbereiten, z. B. den sicheren Rahmen des Coachings, den Ablauf einer Coaching-Sitzung oder auch die „Spielregeln" des gemeinsamen Arbeitens.

Abbildung 8.2: Beispiel für eine visualisierte Coaching-Vereinbarung

Abbildung 8.3: Beispiel für ein vorbereitetes Flipchart

Es gibt auch Charts, die Sie zum Teil vorbereiten können (z. B. einen Rahmen, eine Tabelle oder Stellvertretersymbole) und sie dann zusammen mit dem Coachee ergänzen. Sammeln Sie Beiträge auf Zuruf, sichern Sie Informationen und halten Sie Ergebnisse oder Vereinbarungen fest.

Andere Visualisierungen wiederum entstehen aus der Situation heraus spontan auf einem Blanko-Plakat.

8.9 Welche einfachen Tipps gibt es?

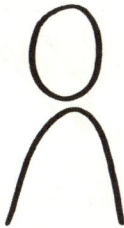

Abbildung 8.4: Flächenfigur

Bringen Sie Fläche in Ihre Motive: Zeichnen Sie bei Figuren statt der Strichfigur eine Flächenfigur. Diese Art der Figur sieht professionell aus und verliert ihren kindlichen Charakter. Als Kopf bleibt ein Kreis. Wie das Strichmännchen ist auch die Flächenfigur einfach in der Machart, sie wirkt aber präsenter und überzeugender. Bei allen anderen Symbolen, Icons und Piktogrammen können Sie einen Effekt von Tiefe oder Dreidimensionalität erzielen, indem Sie mit einem grauen Marker einen Schatten ziehen. Durch Fläche wirken die Motive plastischer und ziehen die Aufmerksamkeit stärker auf sich.

Abbildung 8.5: Vordergrund – Hintergrund

Zeichnen Sie zuerst die Dinge, die im Vordergrund stehen: Wenn Sie z.B. den Klienten darstellen wollen, der sich im Spiegel betrachtet (z.B. seine Rolle als Führungskraft reflektiert), dann skizzieren Sie zuerst die Figur, dann das Spiegelbild und zum Schluss den Spiegelrahmen. So vermeiden Sie es, dass sich die Elemente überschneiden.

Abbildung 8.6: Schwarzer Marker

Visualisieren Sie mit einem schwarzen Marker – als Grundfarbe: Zeichnen Sie Ihre Bilder, Figuren, Symbole und Rahmen mit einem schwarzen Marker. Dasselbe gilt für Text. Auch den schreiben Sie in Schwarz. Mit Schwarz auf Weiß schaffen Sie einen starken Kontrast und erhöhen die Lesbarkeit. Außerdem sorgt die Grundfarbe für Einheitlichkeit.

Schwarzer Text und schwarze Konturen wirken seriös und Sie haben immer noch alle Möglichkeiten, Farben einzusetzen. Wenn Sie farbige Marker für Ihre Elemente nutzen und zusätzliche Farben zum Kolorieren einsetzen, wird das Bild schnell zu bunt und verliert seine Klarheit.

Erst wenn Sie alles visualisiert haben, kolorieren Sie Ihr Flipchart mit dezenten Farben, z. B. mit Wachsmalblöcken.

Abbildung 8.7: Schwieriges zuerst

Visualisieren Sie zuerst die Elemente, die schwierig sind: Wenn Sie den Coachee zeigen möchten, wie er eine (Veränderungs-)Treppe nach oben steigt, kommt zuerst die Figur auf das Papier. Das ist hier nicht ganz so einfach, denn diese Figur hat keinen

Kegelkörper, sondern Beine und Arme, die noch dazu in Bewegung sind. Wenn Sie das geschafft haben, malen Sie anschließend die Treppenstufen unter die Figur. So stellen Sie sicher, dass die Füße in Kontakt mit den Treppenstufen sind und die Person nicht anatomisch „gezogen" oder „gedrückt" den Stufen angepasst werden muss.

Abbildung 8.8: Sorgfältige Strichführung = klare Strichführung

Lassen Sie sich Zeit: Auch wenn eine Figur einfach ist, führen Sie die Striche (erst einmal) langsam aus. Es braucht Aufmerksamkeit und ein „OM" in der Strichführung. Das hat den Vorteil, dass Sie z. B. bei einem Kreis auch dort wieder ankommen, wo Sie angefangen haben – und somit kein ungewolltes Oval mit einer über den Anfangspunkt hinausgehenden Linie entsteht. Die Figur wirkt ruhiger, die Strichführung ist stärker und gibt mehr Klarheit und Kontrast.

Abbildung 8.9: Kleine Lücke, große Wirkung

Lassen Sie kleine Lücken. Dadurch wirken Ihre Elemente offener und leichter. Sie bekommen Dynamik und wirken lebendig. Exakt gezogene Linien, die sich berühren, wirken geschlossen und fest. Verabschieden Sie sich auch von dem Anspruch, exakte geometrische Figuren auf das Flipchart bringen zu wollen. Ein Viereck entfaltet seine Wirkung auch dann noch, wenn die Seiten nicht exakt parallel laufen oder die Winkel nicht genau 90° haben.

Abbildung 8.10: Auf wesentliche Striche reduziert

Reduzieren Sie Motive auf wesentliche Striche; die Aussage oder Bedeutung wird dennoch erkennbar. Wenn Sie Emotionen in Ihre (Kegel-)Figuren bringen möchten, reicht es aus, einen Mund zu malen. Augen und Nase haben hier keine Funktion. Sie reduzieren eher die Wirkung und machen aus Ihrer Zeichnung wieder eine „Pünktchen-Komma-Strich-Figur". Verzichten Sie deshalb darauf, zu viele Details zu malen.

Schreiben Sie lesbar: Für Sachverhalte bleibt Text der Informationsträger Nr. 1. Schrift wirkt immer sachlich und überzeugend, und es lohnt sich deshalb, in eine lesbare Handschrift zu investieren. Das gilt nicht nur für Flipcharts, die Sie vor der Coaching-Sitzung vorbereiten, sondern auch und vor allem dann, wenn Sie etwas ad hoc und live visualisieren.

Abbildung 8.11: Text für Sachverhalte

Visualisierungen sollen ja den Prozess unterstützen und eine Serviceleistung sein. Wenn die Schrift jedoch nicht lesbar ist, verliert die Visualisierung ihren Wert – und hat damit oft sogar einen gegenteiligen Effekt.

Nutzen Sie Container: Reiner Text allein bietet wenig Halt für das Auge und ist nicht besonders attraktiv für das Gehirn des Betrachtenden. Nutzen Sie deshalb zusätzlich zur Schrift Container. Das sind Elemente, die Textinformationen einschließen. Sie fassen zusammen, grenzen ab, strukturieren Informationen, schaffen Übersicht und bilden stimmige Bereiche. Jede geschlossene Figur kann ein Container sein.

Wenn Sie Inhalte in einen Container setzen möchten, schreiben Sie zuerst den Text und setzen dann den Container drum herum. So können Sie sicher sein, dass der Text gut hineinpasst. Anders herum kann es schwierig werden, die Buchstaben zum Ende hin noch lesbar unterzubringen.

Abbildung 8.12.: Mit Containern arbeiten (1)

Fassen Sie zusammengehörige Textaussagen in Blöcken zusammen. Statt Textzeilen, die sich über die Breite des Flipcharts ziehen, entstehen Textflächen, die Sie durch Container strukturieren können. So können Sie viele Informationen übersichtlich und interessant anordnen. Durch schwarze Schatten erscheinen die Container übrigens plastischer.

Abbildung 8.13.: Mit Containern arbeiten (2)

Setzen Sie einfache Symbole ein: Machen Sie es sich leicht. Legen Sie sich ein übersichtliches Repertoire an von zunächst einmal ca. 20 geeigneten Symbolen, die Sie bald frei skizzieren können. Nutzen Sie dafür Schritt-für-Schritt-Anleitungen. Merken Sie sich die Strichführung. Schauen Sie genau hin. So lassen sich Motive leicht einprägen.

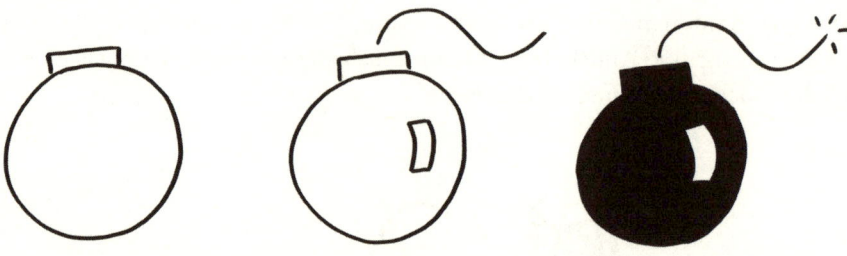

Abbildung 8.14: Bombe als Symbol, z. B. für Gefahr, Konflikt, Spannung, Risiko, Gewalt

Abbildung 8.15: Glühbirne als Symbol, z. B. für Idee, Lösung, Erhellung, Energie, Licht (am Ende des Tunnels)

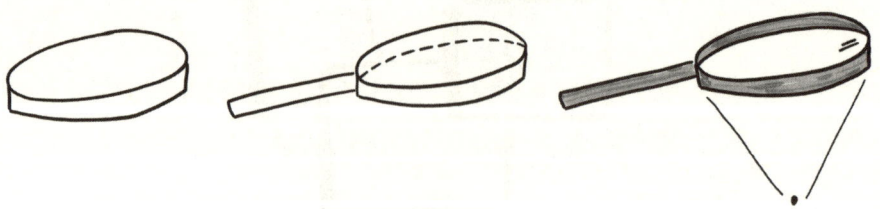

Abbildung 8.16: Lupe als Symbol, z. B. für Fokussierung, in den Blick nehmen, Untersuchen, Analyse, etwas genau anschauen

Abbildung 8.17: Bewegliche Elemente

Überraschen Sie mit mobilen Elementen. Nutzen Sie dafür elektrostatisch haften-de Notizzettel. Sie erhöhen die Aufmerksamkeit, bringen Spannung ins Motiv und können Situationen sichtbar verändern. Vielleicht fragt (sich) Ihr Coachee: „Warum bewegt sich das Wollknäuel über das Flipchart-Papier?" Für diesen Effekt müssen Sie nur eine rot kolorierte Linie auf dem Flipchart visualisieren. Dann nehmen Sie aus Ihrem Fundus/Archiv das Wollknäul-Motiv (auf elektrostatisch haftendem Papier gezeichnet) und haften es auf die Linie auf dem Flipchart. Einfach und wirkungsvoll stellen Sie somit den roten Faden z. B. des Coaching-Prozesses dar.

Diese haftenden Notizzettel lassen sich mit Permanent-Markern beschreiben, mit Wachsblöcken kolorieren und hervorragend in jede gewünschte Form zuschneiden. So lassen sich während der Präsentation verschiedenste Motive hinzufügen und übers Blatt bewegen. Auch hierfür können Sie sich ein Repertoire an Motiven zu-rechtlegen und archivieren – und sie dann situativ in Ihren Coachings einsetzen.

Bereiten Sie Überschriften-Streifen vor: Ähnlich wie bei den mobilen Elementen können Sie sich ein Repertoire an Überschriften zulegen, die z. B. aus Textblock, Container und einem passenden Symbol bestehen. Die vorbereiteten Container schneiden Sie an der Konturlinie aus und kleben diese mit einem wiederablösbaren Klebestift (z. B. von Scotch) auf das Flipchart. Der Vorteil ist: Sobald Sie die Inhalte des Coachings visualisiert und abfotografiert haben, können Sie den Container wie-der abnehmen. Der Kleber hält auch für die nächsten Einsätze. Er klebt jedoch nicht fest – weder an anderen Containern noch an der Klarsichthülle, die Sie als Archiv nutzen.

Abbildung 8.18: Beispiel für eine Überschrift

Wählen Sie Ihren Flipchart-Bildaufbau: Nehmen wir an, Sie möchten nicht nur spontan ein Flipchart erstellen, um Beiträge einfach in Form einer Zuruffrage zu sammeln. Sie können sich dann im Vorfeld einer Sitzung folgende Frage stellen: „Welches Muster passt zum Coaching / zur Situation des Klienten?" Oder: „Welches Motiv unterstützt die Aussagen, das Anliegen oder die Fragestellung des Coachees?" Entwerfen Sie gedanklich einen Aufbau für Ihr Flipchart. Überlegen Sie, welches Gesamtmotiv und welches Muster aussagekräftig ist und den Prozess unterstützt. Welche logische Organisation soll Ihr Flipchart bekommen? Auch hierzu gibt es Muster, die Sie nutzen können, um Ordnung und Struktur für ein Thema oder einen Inhalt zu schaffen

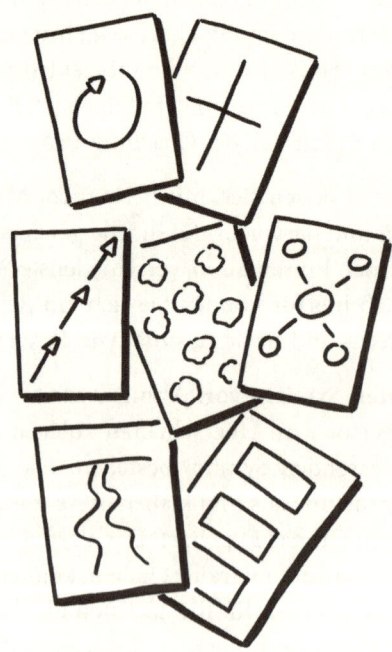

Abbildung 8.19: Flipchart-Struktur

8.10 Und wenn ich *jetzt noch glaube, dass ich nicht zeichnen kann?*

Als Coach brauchen Sie kein künstlerisches Talent, wohl aber den Mut, vor dem Coachee zu skizzieren und sich eventuell auch zu „vermalen". Es braucht auch keinen perfekten Strich in den Motiven. Krakel, Kritzel und Skizzen unterstützen Ihre Visualisierung, solange die Schrift lesbar ist. Am Anfang reicht es oft vollkommen aus, wichtige Stichpunkte am Chart festzuhalten und diese durch Textkästen (Container) hervorzuheben. Dazu kommen noch das eine oder andere Symbol bzw. Bildmotiv sowie Rahmen und Farben, die die Inhalte gliedern und strukturieren.

Es ist viel einfacher, als Sie vielleicht denken. Legen Sie einfach los und probieren Sie es aus.

Um Visualisierungen einzusetzen, brauchen Sie nicht stundenlang zu üben und Sie müssen auch kein bestimmtes Niveau erreicht haben. Machen Sie es einfach. Erweitern Sie Schritt für Schritt Ihr Bildvokabular – durch das praktische Anwenden. Visualisieren Sie zunehmend mehr, erhöhen Sie langsam die Visualisierungs-Dosis ... und Sie werden feststellen, dass Sie mit jedem Mal sicherer werden. Und dann steht nicht nur Ihr Klient, sondern auch Sie selbst stehen bald vor dem Flipchart und Sie sagen (sich): „Wow, ich kann's ja doch – und es macht auch noch Spaß!" Ist das nicht ein schöner Gedanke?

9. | Besteht Ihre Website den Neuro-Check®?

(Sonja Schiller)

Als Trainer oder Coach sind Sie bestens vertraut mit den kommunikationstheoretischen Axiomen Paul Watzlawicks. Vielleicht zitieren Sie sogar häufig seinen Satz: „Man kann nicht nicht kommunizieren." Aber mal ehrlich, wie sehr haben Sie diesen Satz verinnerlicht, wenn Sie nicht in einer Trainings- oder Coaching-Situation sind? Stellen Sie sich dafür einmal Ihre eigene Website vor. Wenn Sie sie anschauen, wie bewusst ist Ihnen, dass alles, was diese Website darstellt, Kommunikation ist? Und noch viel mehr, dass – wie im echten Leben – auch dort alles Nonverbale auf die Beziehungsebene einzahlt und somit stärker (und schneller) wirkt als das, was Sie inhaltlich zu sagen haben?

9.1 Die meisten Websites überfordern ihre Besucher

Wir neigen zu der Annahme, unsere eigene Website sei für andere genauso verständlich wie für uns selbst. Auch glauben wir, dass sich Nutzer nahezu alles anschauen, was wir (!) für wichtig halten. Doch genau in diesem Punkt irren wir. Und zwar gewaltig. Die meisten Websites überfordern ihre Besucher – sowohl inhaltlich als auch visuell.

Was meinen Sie? Verzeihen Ihnen Ihre Websitebesucher diese Überforderung? Oder reagieren sie damit, dass sie die Website verlassen, bevor sie zum eigentlichen Kern vorgedrungen sind? Das erfahren Sie zuverlässig nur, indem Sie Webtracking-Tools einsetzen und Nutzungsdaten auswerten.

Viele Trainer und Coaches machen sich über Webtracking, Nutzungsdaten und Webanalyse relativ wenige bis gar keine Gedanken – und verschenken dadurch extrem wertvolles Potenzial. Nur langweilige Zahlen und Daten?! Selbst wer in diesem Punkt bereits fortschrittlich unterwegs ist und ein Webtracking-Tool (z. B. Google Analytics) im Einsatz hat, weiß mit den Daten oft gar nichts anzufangen. Dabei verraten die Nutzungsdaten zumindest, *was* Nutzer auf Ihrer Website tun und *wie* sie es tun.

Ich vermute mal, dass Sie als Trainer bzw. Coach solche Webanalysedaten nicht allzu spannend finden und von diesem Kapitel auch etwas anderes erwarten. Aber Webtracking ist ein so wichtiger Baustein, dass es mir ein Anliegen ist, das Thema wenigstens rudimentär anzuschneiden und Sie dafür zu sensibilisieren. Weiter unten im Text (Seite 94) finden interessierte Leser einen weiterführenden Link mit vertiefenden Analytics-Infos. Damit bekommen Sie einen knappen Leitfaden durch den Analytics-Dschungel an die Hand, den Sie – das prophezeie ich Ihnen – spätestens bei der praktischen Anwendung nützlich finden werden. Denn aus den Daten, die Ihnen Ihr Webtracking-Tool ausspuckt, lässt sich eine Menge über erfüllte und unerfüllte Erwartungen der Nutzer ableiten. Webtracking ist das solide Fundament jeder Webseitenoptimierung.

> Kein noch so cleveres Feature oder Gimmick kann ersetzen oder kompensieren, was Sie aus den harten Fakten der Webtrackingdaten an „weichen" Informationen ableiten können. Jede Optimierungsmaßnahme ist nur im Zusammenhang mit Webanalytics zielführend.

Da Sie mit Ihrer Website vermutlich erfolgsorientiert sind, wollen Sie sicher auch noch einen Schritt weitergehen und herausfinden, woran es konkret liegt, dass manche Ihrer Seiten die Nutzererwartungen erfüllen und andere sie offenbar enttäuschen. Doch hierfür reicht Webtracking alleine nicht aus.

9.2 Das Goldnugget liegt in der Frage: Warum?

Für die qualitativ sinnvolle Bewertung von Webanalyse-Daten brauchen Sie Antworten auf die hoch spannende Frage, die Ihnen bisher kein Tool der Welt beantworten kann: *Warum* verhalten sich Besucher auf Ihrer Website so, wie sie es tun? Und daran anschließend: (Wie) können Sie das Verhalten der Websitenutzer lenken?

Als Neuromarketing Managerin habe ich mich auf diese beiden Fragen – nach dem Warum und der Lenkung – fokussiert und erstaunlich einfache und fundamentale Erkenntnisse gewonnen. Daraus habe ich einen innovativen Ansatz entwickelt, den Neuro-Check®[9], der sowohl äußerst effektiv als auch universell anwendbar ist. Mit universell anwendbar meine ich: im Kern branchen- und zielgruppenunabhängig. Das alleine ist schon sensationell. Oder kennen Sie im Marketing sonst irgendeinen

---

9   Neuro-Check® ist eine eingetragene Marke von Sonja Schiller. Wenn Sie den Begriff verwenden, erwähnen Sie bitte diesen Hinweis.

Optimierungsansatz, der so grundlegend ist, so sehr an der Wurzel ansetzt, dass er auch ohne Branchen- und Zielgruppendefinition bereits greift und messbare Erfolge bringt? Falls Sie einen kennen, freue ich mich auf Zuschriften.

> Meinen selbst entwickelten Ansatz nenne ich Neuro-Check®, weil er sich im Wesentlichen auf Neuro-Prinzipien bezieht. Unter Neuro-Prinzipien[10] verstehe ich vom Gehirn gesteuerte Reaktionsmuster, die evolutionsbedingt und aufgrund unseres Erfahrungshorizontes fest in uns verankert und allgemeingültig sind. Aufgrund ihrer Allgemeingültigkeit sind sie vergleichbar mit Naturgesetzen.

Im Folgenden beschreibe ich diesen Neuro-Ansatz und stelle Ihnen vor, von welchen Neuro-Modellen und Vordenkern mein Neuro-Check® inspiriert ist. Ich gehe in diesem Zusammenhang auf vier essenzielle Bereiche ein, die maßgeblich unsere (Kauf-) Entscheidungen beeinflussen:

1. Wahrnehmung
2. Aufmerksamkeit
3. Gedächtnis
4. Urteilsfindung

Das sind extrem komplexe Themenfelder. Und mein Anspruch ist nicht, diese Bereiche so zu erörtern, wie Neurowissenschaftler es tun würden. Mein Anspruch ist vielmehr, für Laien verständlich zu machen, welche Erkenntnisse über diese vier Einflussbereiche für die Gestaltung von Botschaften und Ihre Website relevant und wichtig sind. Aber der Reihe nach.

9.3 Lenken Sie Ihre Besucher. Und überlegen Sie gut, wohin

Bevor Sie sich mit Neuro-Kommunikation und gezielter Lenkung auf Ihrer Website befassen, ist es wichtig, dass Sie für sich wenigstens eine grundlegende Frage beantworten: Was sollen Besucher auf Ihrer Website tun? Menschen besuchen Webseiten, um mit ihnen zu interagieren. Doch wenn Sie als Websitebetreiber nicht klar beantworten können, welche Interaktion Sie sich von Ihren Websitenutzern wünschen, wird es schwierig, diese zu lenken. Wohin sollen sie denn gelenkt werden? … Sobald Sie beginnen, Ihre Fragen auf Ihr Gegenüber auszurichten, trainieren Sie, „neuro" zu denken und legen damit einen wichtigen Grundstein für Ihren Websiteerfolg.

---

10 Neuro-Prinzipien ist ein rein beschreibender Begriff, der der Vereinfachung von komplexen Zusammenhängen dient.

Die Frage lautet bewusst nicht: Was wollen Sie mit Ihrer Website erreichen? Denn diese Fragestellung würde Ihre Aufmerksamkeit auf sich selbst richten. Neuro funktioniert aber nur, wenn Sie Ihre Aufmerksamkeit auf Ihr Gegenüber richten. **Empathie ist das Herz jeder erfolgreichen Neuro-Kommunikation.**

Sobald Sie die gewünschte Interaktion definiert haben, haben Sie bereits die erste Leistungskennzahl. Leistungskennzahlen sind Metriken – also messbare Größen –, die den Erfolg Ihrer Website systematisch messbar machen. Besonders wichtige Leistungskennzahlen bezeichnet man in der Onlinemarketing-Fachsprache als Key Performance Indicators (KPI). Der wichtigste KPI ist die Conversion. Darunter ist zu verstehen, dass der Status des Interesses sich umwandelt in den Status „gewünschte Interaktion ausgeführt".

Doch warum jetzt plötzlich diese Leistungskennzahlen und ähnlich trockenes Zeug? Wie oben bereits erwähnt, gibt es Seiten auf Ihrer Website, die Nutzererwartungen erfüllen. Es gibt aber auch solche, die die Erwartungen enttäuschen. Welche das sind, können Sie mit gezieltem Blick auf die Webtrackingdaten leicht identifizieren. Dann wissen Sie zumindest, an welcher Stelle überhaupt Handlungsbedarf besteht, und Sie können sich genau darauf konzentrieren. Das ist sehr viel effizienter, als gleich die ganze Website neu machen zu lassen oder wahllos Einzelseiten zu analysieren, ohne zu wissen, ob sie für den Gesamterfolg wirklich wichtig sind.

Analysedaten sind Ihnen zu trocken? Kein Problem. Sie können den folgenden Text gerne überspringen und ab dem Abschnitt 9.4 weiterlesen. Den Analytics-Absatz nutzen Sie später einfach zum Nachschlagen.

Wenn Sie systematisch prüfen wollen, ob Ihre Website einen Neuro-Check® bzw. grundsätzlich Optimierung nötig hat, ist es hilfreich zu wissen, wo Sie bei Ihren Webtracking-Daten hinschauen müssen, um Stärken und Schwächen Ihrer Website zu erkennen.

Ich selbst arbeite gerne und viel mit dem kostenlosen Webtracking-Tool Google Analytics: ↗ https://analytics.google.com. Dieses Tool ist extrem leistungsstark und ermöglicht sehr aussagekräftige Analysen. Vor allem lässt sich damit sehr einfach herausfinden, ob und wo echter Handlungsbedarf besteht und welche Seiten man besser so belässt, wie sie sind. Die folgenden fünf zentralen Leistungskennzahlen (KPIs) verraten Ihnen, wie Nutzer mit Ihrer Website interagieren:

- **KPI 1 – Absprungrate:** Besuche, die sofort wieder abgebrochen wurden, deuten auf enttäuschte Nutzererwartungen hin.
- **KPI 2 – Verweildauer:** Reicht die Zeit, die Nutzer auf Ihrer Website verbringen, um z. B. interessante Artikel zu lesen oder Videos anzuschauen?

- **KPI 3 – Traffic-Quellen:** Die Webseite, die ein Nutzer unmittelbar vor dem Besuch Ihrer Website besucht hat, prägt seine Erwartung an Ihre Webseite (Priming-Effekt).
- **KPI 4 – meistbesuchte Seite/n:** die Seite/n mit dem größten Potenzial.
- **KPI 5 – häufigste Ausstiegsseite:** Verlassen Ihre Besucher die Website an Stellen, wo sie eigentlich noch bleiben sollten?

Wenn Sie ebenfalls mit Google Analytics arbeiten und mehr über die Bedeutung dieser KPIs erfahren möchten, besuchen Sie folgenden Link: ↗ https://neuro.works/freebie-kpis-analytics. Er führt Sie zu Erläuterungen der hier genannten KPIs und außerdem erfahren Sie genau, wo in Analytics Sie den jeweiligen Bericht mit den genannten KPIs finden.

> **Vorsicht, Falle!** Geben Sie sich nicht mit Durchschnittswerten der gesamten Website zufrieden. Diese Zahlen führen oft in die Irre und vermitteln einen gefährlich falschen Eindruck. Erst beim granularen Hinschauen lassen sich die wahren „Renner und Penner" identifizieren.

Webtracking-Daten nach verwertbaren Erkenntnissen zu durchforsten ist der zahlengetriebene Teil der Webanalyse und – zugegeben – für viele nicht sooo spannend. Aber aus wirtschaftlicher Sicht ist das absolut geboten und sinnvoll. Kommen wir nun zum nächsten Analyselevel, ein Verfahren, das als deutlich attraktiver empfunden wird: das Eyetracking.

9.4 Für den ersten Eindruck gibt es keine zweite Chance. Messen Sie ihn!

Mithilfe von simuliertem Eyetracking machen Sie die Aufmerksamkeitswirkung des ersten Moments messbar.

Eyetracking ist eine biometrische Marktforschungsmethode, bei der technische Hilfsmittel eingesetzt werden, um Blickbewegungen von Probanden aufzuzeichnen, während sich diese etwas – üblicherweise eine Verkaufsumgebung – anschauen. Aus dem Blickverlauf lassen sich Rückschlüsse darauf ziehen, welche Bereiche wahrgenommen werden und worauf die Aufmerksamkeit gerichtet wird. Wenn Sie das für Ihre Webseite in Erfahrung bringen, wissen Sie sehr genau, wo die Weichen bereits von Anfang an falsch gestellt sind. Eyetracking-Analysen sind sehr viel zuverlässiger und aussagekräftiger als jede Form der Probandenbefragung. Denn bei Befragungen generieren sich die Antworten überwiegend aus dem bewussten Denken. Doch wie wir später noch erfahren, werden unsere Handlungen und Entscheidungen sehr viel mehr von Unbewusstem beeinflusst als von Bewusstem.

Ein Großteil unserer Augenbewegungen erfolgt unwillkürlich, entzieht sich also der bewussten Steuerung und auch der bewussten Wahrnehmung. Unseren Blickverlauf exakt zu beschreiben ist uns gar nicht möglich, denn ein Teil entgeht unserer bewussten Wahrnehmung. Und genau dieser Teil ist gerade für die Vorhersage von Kaufentscheidungen und –verhalten in hohem Maße wertvoll.

Inzwischen sind mithilfe intelligenter Softwarelösungen (machine learning) für Webseiten und alle digitalen Benutzeroberflächen hervorragende Blickverlaufsvorhersagen möglich. Zum Messen der Aufmerksamkeitswirkung empfehle ich das Tool Eyequant der Firma Whitematter Labs GmbH aus Berlin (↗ http://www.eyequant.com). Eyequant hat eine sehr hohe Vorhersagegenauigkeit (über 85 %). An dieser Stelle ist mir wichtig zu erwähnen, dass ich keinerlei Werbeprämie für diese Empfehlung erhalte. Eyequant zeigt Ihnen, welche Bereiche Ihres Webseiten-Layouts in den ersten drei Sekunden wahrgenommen werden und welche Bereiche erhöhte Aufmerksamkeit bekommen.

Wie eingangs erwähnt, überfordern die meisten Websites ihre Besucher. Ein Aspekt der Überforderung ist das **Übermaß an visuellen Eindrücken**, d. h., die einzelnen Webseiten sind häufig viel zu voll. Ein zweiter Aspekt ist eine unklare oder **fehlende visuelle Hierarchie**.

Nutzer entscheiden aber aufgrund des allerersten Eindrucks, ob sie sich weiter mit Ihrer Webseite befassen wollen oder ob sie sie wieder schließen (KPI: Absprungrate) und sich stattdessen woanders umschauen. Das „Bauchgefühl" dieses ersten Moments entscheidet also über den Erfolg Ihrer Website. Sie haben nur drei bis fünf Sekunden Zeit, um die wichtigsten Botschaften zu vermitteln. In dieser kurzen Zeit wird kaum gelesen, sondern nur überflogen und gescannt. Mit den wenigen Informationen, die aus den ersten visuellen Eindrücken generiert werden, beurteilt ein Besucher, ob es sich lohnt, mehr Zeit in Ihre Webseite zu investieren. Je besser es Ihnen gelingt, Ihre Botschaften auf den Punkt und in eine eindeutige visuelle Hierarchie zu bringen, umso größer ist die Wahrscheinlichkeit, dass sich Nutzer auf Ihre Seite einlassen.

Mit etwas Hintergrundwissen zu Wahrnehmung und Aufmerksamkeit (S. 106 ff.) fällt es Ihnen sehr viel leichter, eine klare visuelle Hierarchie zu schaffen. Zumindest erkennen Sie dann leichter, was der Klarheit im Wege steht.

Anmerkung: Wer sich ganz ausführlich mit Psychologie und Gestaltung befassen möchte, dem empfehle ich das grandiose Buch „Wie Design wirkt. Psychologische Prinzipien erfolgreicher Gestaltung". Besonders reizvoll ist die Autorenkombination aus Designerin (Monika Heimann) und Psychologe (Michael Schütz). Alle Angaben zu dem Buch finden Sie im Literaturverzeichnis.

Mit dem Webtracking und dem simulierten Eyetracking haben wir nun zwei sehr effektive Methoden kennengelernt, um die Was-Fragen zum Nutzerverhalten zu klären:

- Mithilfe von Google Analytics finden Sie heraus, was Nutzer auf Ihrer Website tun.
- Mithilfe von Eyequant erfahren Sie, was Nutzer sehen, bevor sie das erste Mal entscheiden, ob sie Ihre Webseite akzeptieren oder ablehnen.

Widmen wir uns nun der Warum-Frage. Ich erinnere noch mal daran, dass Ihnen kein Tool der Welt diese Frage beantworten kann. Zur Interpretation des Nutzerverhaltens brauchen Sie immer einen Menschen mit analytischem Sachverstand. Und je mehr Empathiefähigkeit ein Analyst mitbringt, umso größer ist die Chance, dass er mit seinen Interpretationen richtigliegt.

9.5 Das Warum ist schwierig zu fassen

Die Frage nach dem Warum ist bei Weitem nicht so eindeutig zu beantworten wie die Frage nach dem Was. Doch gerade Warum-Antworten sind ein unfassbar wirkungsvoller Hebel. Wenn Sie verstehen, warum Menschen bestimmte Entscheidungen treffen oder bestimmte Handlungen ausführen, dann haben Sie eine reelle Chance, andere dazu zu bewegen, ganz konkrete Entscheidungen zu treffen.

Je unbedenklicher Ihrem Gegenüber eine Entscheidung erscheint, umso leichter lässt er oder sie sich lenken. Die Entscheidung, auf einer Webseite in eine bestimmte Richtung zu blicken oder einen einfachen Button zu klicken, ist relativ unbedeutend, zumindest für den Besucher. Solange er sich wohl damit fühlt und nicht das Gefühl hat, dass Sie ihn austricksen oder sogar abzocken wollen, geht er oder sie bereitwillig und nahezu auf Autopilot mit. Aber Vorsicht: Sobald sich ein Besucher bevormundet oder zu seinem Nachteil manipuliert fühlt, ist er sofort hellwach und dann ist auch seine grundlegende Ablehnung (Reaktanz) nicht mehr weit. **Setzen Sie deshalb psychologische Lenkung ausschließlich wohlwollend ein. Alles andere rächt sich.**

In meiner Analysearbeit fühle ich mich durch drei Neuro-Modelle besonders inspiriert:

1. Kahnemans Kognitionsmodell von System 1 und System 2
2. Renvoisés NeuroMap (SalesBrain)
3. Thalers verhaltensökonomische Entdeckung einflussreicher Nudges

In einigen Punkten überschneiden sich die Modelle, aber besonders in ihren Ansätzen und im jeweiligen Fokus unterscheiden sie sich z. T. sehr. Für Wissenschaftler sind die Unterschiede sicher wichtig. Für die Analyse von Webseiten ist es jedoch keineswegs notwendig, sich für eines der Modelle zu entscheiden. Aus meiner Sicht ergibt sich ein größerer Nutzen, wenn man je nach Situation mal das eine und mal das andere Modell zur Erklärung heranzieht und es durch eigene Ideen ergänzt. Genau so ist mein Neuro-Check® entstanden.

9.6 Kahnemans Kognitionsmodell von System 1 und System 2

Das wohl bekannteste und anerkannteste Modell ist das Modell von System 1 und System 2, das Daniel Kahneman und Amos Tversky gemeinsam entwickelt haben. Die Untersuchungen der beiden israelischen Psychologen sind als Heuristics and Biases in die Urteilsforschung eingegangen[11]. Ihre Erkenntnisse waren prägend dafür, wie Psychologen und Wirtschaftswissenschaftler über das Denken denken. Und Kahneman erhielt im Jahr 2002 den Wirtschaftsnobelpreis (Amos Tversky war zu diesem Zeitpunkt bereits lange verstorben, sonst wäre der Preis sicher beiden gemeinsam verliehen worden). In seinem Buch „Schnelles Denken, langsames Denken" hat Kahneman seine und die gemeinsam mit Tversky durchgeführte Forschungsarbeit für ein breites Publikum aufbereitet. Das Buch wurde zum Bestseller und ist auch heute noch Pflichtlektüre für jeden, der sich für menschliches Verhalten ernsthaft interessiert.

Stark vereinfacht teilt Kahneman unser Denken in zwei Kategorien ein. Die eine Art zu denken erfolgt intuitiv (laut Kahneman System 1). Die zweite Art zu denken ist reflektiert. Diese Art des komplexen Denkens nennt Kahneman System 2.

System-1-Denkprozesse erfolgen automatisch, schnell und mühelos. Sie finden ohne willentliche Steuerung statt. System-2-Denkprozesse hingegen decken alles ab, was wir willentlich steuern können. Es lenkt die Aufmerksamkeit auf mental anstrengen-

---

11   D. Kahneman; P. Slovic & A. Tversky (Hrsg.) (1982): Judgement Under Uncertainty: Heuristics and Biases. Cambridge University Press.

de Aktivitäten, z. B. komplexe Berechnungen. Im Vergleich zu System 1 ist System 2 jedoch eher träge und langsam. Dazu Kahneman (2014, S. 33) selbst: „Die Operationen von System 2 gehen oftmals mit dem subjektiven Erleben von Handlungsmacht, Entscheidungsfreiheit und Konzentration einher."

Rationalisten ignorieren gerne die Existenz und Macht von System 1. Dabei ist es immer schneller als System 2. Und deshalb ist System 1 auch der eigentliche Entscheider. System 2 übernimmt häufig die Entscheidungen des schnellen, intuitiven System 1.

Für unser Thema bedeutet das: Wenn es uns gelingt, System 1 erfolgreich anzusprechen, ist System 2 oft zu faul, um die automatische Entscheidung von System 1 kritisch zu überprüfen. In den meisten Fällen (nicht immer!) wäre es zwar dazu in der Lage, es tut es jedoch sehr häufig nicht.

9.7 Renvoisés NeuroMap

Ebenfalls auf wissenschaftlicher Grundlage, aber eindeutig kommerziell und an Verkaufsprozessen orientiert, hat der Franzose Patrick Renvoisé 2002 die Grundlagen für die NeuroMap, das weltweit erste Neuromarketing-Modell, entwickelt. Die NeuroMap ist ein sehr erfolgreiches und in der Wirtschaft inzwischen bewährtes neurowissenschaftlich geprägtes Überzeugungsmodell. Gemeinsam mit Christophe Morin gründete Renvoisé 2002 die Neuromarketing-Agentur SalesBrain, um mit wissenschaftlichen Methoden weltweit „Überzeugungsarbeit" zu leisten (↗ http://www.salesbrain.com und ↗ http://www.neuromarketing.com). In der Form hatte es das zuvor noch nicht gegeben.

Die NeuroMap beruht auf einem vereinfachten Gehirnmodell, in dem unser Gehirn grob in drei (Unter-)Gehirne eingeteilt wird: das alte Gehirn, auch Reptiliengehirn genannt; das mittlere Gehirn und das neue Gehirn. Das neue Gehirn entspricht dem Großhirn (Neokortex) und operiert rational. Das mittlere Gehirn umfasst das limbische System und ist für die Emotionen zuständig. Und der evolutionsgeschichtlich älteste Teil, das Reptiliengehirn, arbeitet instinktiv.

Das Reptiliengehirn (und in Teilen auch das mittlere Gehirn) dürfte in etwa System 1 in Kahnemans Modell entsprechen. Es ist der eigentliche Entscheider. Hier sei nochmals angemerkt: Es handelt sich um Modelle, nicht um anatomisch korrekte Beschreibungen. Die Modelle erleichtern aber das Verständnis sehr komplexer Zusammenhänge in unserem Gehirn.

Das Reptiliengehirn ist bei Renvoisé der Kern des Neuromarketing-Modells NeuroMap. Es geht darum, diesen Teil des Gehirns, den Entscheider, gezielt anzusprechen. Um auf die Schnelle zu prüfen, ob eine Botschaft (z. B. auf einer Website) „neuro" ist, liefert die NeuroMap mit den sechs Stimuli wunderbare Checkpoints[12]:

1. Egozentrisch
   Checkfrage: Wird aus Sicht der Zielperson Folgendes beantwortet? „Was geht es mich an? Was habe ich davon?"

2. Kontrast
   Checkfrage: Werden starke Kontraste gezeigt?

3. Greifbar
   Checkfrage: Ist das Dargestellte für die Zielperson konkret greifbar?

4. Anfang und Ende
   Checkfrage: Wird ein Erzählverlauf / eine Entwicklung dargestellt?
   (Dieser Stimulus bezieht sich m. E. eher auf bewegte Bilder oder Face-to-Face-Kommunikation.)

5. Visuell
   Checkfrage: Ist die Botschaft aussagekräftig und plakativ visualisiert?

6. Emotional
   Checkfrage: Ist die Botschaft emotional?

9.8 Thalers verhaltensökonomische Entdeckung positiv einflussnehmender Nudges

Der amerikanische Verhaltensökonom Richard Thaler inspirierte meine Arbeit durch sein Buch „Nudge. Wie man kluge Entscheidungen anstößt". Er beschreibt anhand zahlreicher Beispiele aus seiner Forschung, wie sich Menschen durch einen kleinen symbolischen Schubs (Nudge) zu bestimmtem Entscheidungen bewegen lassen. Das sind klügere Entscheidungen, die sie ohne den Anstupser so nicht getroffen hätten.

Wenn wir also Menschen dazu bewegen möchten, sich zugunsten eines von uns vorgeschlagenen Verhaltens zu entscheiden, dann hilft uns dabei ein passender Nudge. Indem wir uns geeignete Nudges ausdenken, um Entscheidungen anderer zu lenken,

---

12 Einen visuellen Eindruck können Sie hier gewinnen: ↗ http://www.salesbrain.com/neuromap-overview/6-stimuli/

werden wir zum Entscheidungsarchitekten. Thaler hat das im großen Stil praktiziert. Es ging ihm aber nicht darum, Verkäufe anzukurbeln, sondern er wollte das gesellschaftliche Wohl fördern. Thaler wollte durch seine Forschungen die Wirtschaftswissenschaften für die Bedeutung derartiger Zusammenhänge sensibilisieren und machte auf die damit verbundene moralische Verantwortung aufmerksam. 2017 wurde auch er, wie 15 Jahre zuvor Kahneman, mit dem Wirtschafts-Nobelpreis ausgezeichnet. Bei der Preisverleihung hieß es über Thaler: „Er machte die Wirtschaftswissenschaften menschlicher."

In meinen Neuro-Workshops fasse ich zentrale Erkenntnisse gerne als **Neuro-Prinzipien** zusammen. Diese Praxis hat sich bewährt und deshalb handhabe ich es in diesem Kapitel genauso.

Die drei großen Säulen – (1) „System 1 und System 2", (2) NeuroMap und (3) Nudges – motivierten und inspirier(t)en mich, weiterzudenken. Ich war auf der Suche nach dem kleinsten gemeinsamen Nenner dieser drei Säulen und all dessen, was ich bisher aus für das Neuromarketing relevanten Erkenntnissen gelernt und erlebt habe. Welches ist das oberste Neuro-Prinzip, mit dem sich alle anderen Neuro-Prinzipien erklären lassen? Dieses oberste Neuro-Prinzip wollte ich finden, visualisieren und zum Kernsymbol (Keyvisual) meines selbst entwickelten Neuro-Check® machen.

9.9 Power-Ansatz: Mit einem Neuro-Check® 80 % der wirkungsvollsten Optimierungshebel identifizieren

Einstein sagte: „Wenn du es nicht einfach erklären kannst, hast du es noch nicht gut genug verstanden." In die gleiche Richtung geht auch die Idee, dass sich alle großen Dinge auf ein ganz einfaches Prinzip herunterbrechen lassen. Wenn sich etwas nur kompliziert beschreiben lässt, dann ist es noch nicht der Kern. Der Kern ist immer einfach. Dieser Gedanke fasziniert mich bis heute. Wenn dieser Grundsatz für alle großen Dinge gilt, dann muss er doch auch für Website-Analysen mit Neuro-Fokus (meinen Neuro-Check®) gelten. Davon war und bin ich fest überzeugt. Diesen Kern, dieses einfache Prinzip, um den herum sich alles (Komplexere) aufbaut, wollte ich finden. Mir war wichtig: Das oberste Neuro-Prinzip muss so einfach sein, dass es auch für Laien verständlich ist. Nur dann ist es praxistauglich. Jedes Neuro-Prinzip, das mir fortan begegnete, untersuchte ich nun mithilfe dieser Frage: „Welches einfachere, allgemeinere Prinzip liegt dem zugrunde?" Und plötzlich lag es glasklar vor mir:

Es gibt ein Neuro-Prinzip, das sich nicht weiter herunterbrechen lässt. Und gleichzeitig passt es als kleinster gemeinsamer Nenner auf alle anderen Neuro-Prinzipien und -Phänomene. **Das oberste Neuro-Prinzip lautet: Das Gehirn will Energie sparen.**

Warum will das Gehirn eigentlich Energie sparen? Weil es muss; denn es ist ein enormer Energiefresser. Im Verhältnis zu seiner geringen Masse (ca. 2 % der gesamten Körpermasse) verbraucht das menschliche Gehirn gigantisch viel Energie – nämlich 25 % des gesamten menschlichen Energiehaushalts. Würde in einem Unternehmen ein einziger Mitarbeiter 25 % aller Ressourcen verschlingen, müsste man ihm vernünftigerweise kündigen, um wirtschaftlich handlungsfähig zu bleiben. Doch unser Gehirn ist nicht entbehrlich, es ist unser Chef. Wenn dieser Chef geht, geht auch alles andere. Dann sind wir nämlich tot. Also muss der Chef bleiben – und darf über alles bestimmen. Leider ist unser Gehirn aber kein besonders sympathischer Charakter. Es ist äußerst egoistisch, ungeduldig und – weil es Energie sparen will – ziemlich faul.

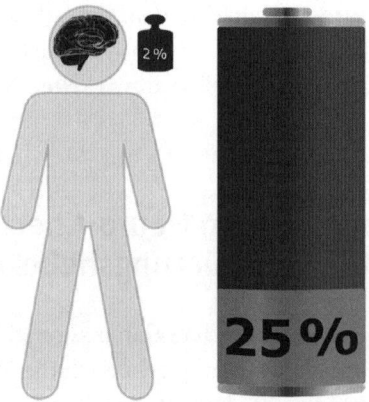

Abbildung 9.1: Starkes Missverhältnis: 2 % unserer Körpermasse verbrauchen 25 % unseres gesamten Energiehaushalts. (Sonja Schiller 2017)

Webseiten, die zu große mentale Anstrengung vom Nutzer fordern, sind in der Regel nicht erfolgreich. Um auf ihnen zu surfen, muss System 2 (siehe 9.6, Kahneman) zu sehr bemüht werden. Die Akkus werden so sehr schnell leer, und dagegen wehrt sich das Gehirn, indem es mit einem Gefühl der inneren Ablehnung reagiert. Erfolgreiche Webseiten hingegen sind ohne große mentale Anstrengung (überwiegend System 1) bedienbar. Sie versetzen den Nutzer in einen als angenehm empfundenen

Flow-Zustand. Das Gehirn mag angenehme Erfahrungen und begibt sich bevorzugt in Situationen, die schon mal als angenehm abgespeichert wurden. Für Websites bedeutet das: Die Besucher nutzen diese Webseite gerne und kommen auch gerne wieder.

9.9.1 Die Bedeutung der mentalen Energieeffizienz

Die mentale Energieeffizienz ist der Dreh- und Angelpunkt von Stop-and-Flow-Zuständen auf Webseiten und deshalb auch das zentrale Bewertungskriterium für meinen Neuro-Check®. Wie energieeffizient einzelne Kommunikationselemente sind, visualisiere ich direkt am Screenshot der zu analysierenden Webseite. Eine einfache Symbolkombination, bestehend aus Gehirn plus Batterie in verschiedenen Ladezuständen, erinnert ständig an das oberste Neuro-Prinzip und verankert es im Kopf des Lesers (der meist auch der Auftraggeber bzw. Websitebetreiber ist).

Das Gehirn will Energie sparen. Wenn Sie sich nur diesen einen Punkt aus diesem Kapitel merken, wird sich Ihr analytischer Bick auf Ihre Website – und vermutlich auf jede andere Kommunikationsumgebung – enorm schärfen.

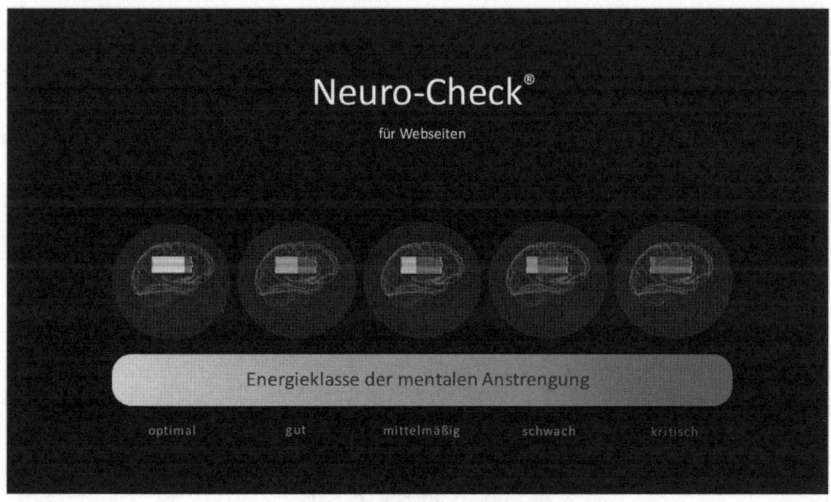

Abbildung 9.2: Beim Neuro-Check® wird eine einprägsame Bewertungssymbolik verwendet. Sie sensibilisiert für das oberste Neuro-Prinzip – „Das Gehirn will Energie sparen". (Sonja Schiller 2017)

Diese Abbildung finden Sie auf ↗ http://www.junfermann.de in Farbe vor (Mediathek zu diesem Buch)

9.9.2 Maximale Automatisierung sorgt für höchste Energieeffizienz

Wir wissen nun, dass unser Gehirn für alle seine Prozesse viel zu viel Energie verbraucht. Die größten Energieräuber sind die kognitiven Prozesse von System 2, die uns komplexes, analytisches Denken ermöglichen. Ohne eine ausgeklügelte Energieeffizienz-Strategie würden wir jedoch extrem schnell an unsere Leistungsgrenzen geraten und wären schlichtweg handlungsunfähig.

Aus Sicht der Evolution ist generelle Handlungsunfähigkeit jedoch keine Option. Deshalb hat sich im Evolutionsprozess eine Strategie entwickelt, um dieses Energieproblem sehr erfolgreich zu managen: System-2-Prozesse müssen im Zaum gehalten werden. Und zwar nicht nur ein bisschen, sondern hauptsächlich. Genau genommen waren evolutionär bedingt überhaupt nur automatisiert ablaufende, schnelle Denkprozesse ohne willentliche Steuerungsmöglichkeit (System-1-Prozesse) vorgesehen. Doch so nach und nach kam ganz zögerlich auch steuerbares Denken (System 2) hinzu. Hierfür gilt die Faustregel: Nur ca. 5 % unserer Entscheidungen laufen bewusst ab (System 2). Im Umkehrschluss bedeutet das: 95 % unserer Entscheidungen und unseres Handelns erfolgen unbewusst, im sogenannten Autopilot.

Und diese Schätzung ist noch sehr großzügig und wohlwollend in Bezug auf unsere Selbstbestimmtheit. Je nach Quelle und Betrachtung verfügen wir sogar nur bei 2–3 % unserer Handlungen und Entscheidungen über willentliche Einflussmöglichkeiten. Führt man sich diese Zahlen zu Gemüte und denkt dann an Descartes – „Ich denke, also bin ich" – wirkt dieser Satz wie eine Farce. Doch der Mensch ist so eitel (was ironischerweise von System 1 getriggert wird), dass sich ein „Zeitalter der Vernunft" herausbilden konnte. Und auch heute noch hält sich der Mensch im Wesentlichen für rational …

Abbildung 9.3: Unser willensgesteuertes Denken (System 2) ist nur die Spitze des Eisbergs. Der größte Teil liegt für uns verborgen. 95 % unserer Entscheidungen und Handlungen werden unbewusst (System 1) gesteuert. (Sonja Schiller, 2017)

Ein kleines bisschen beruhigend ist jedoch auch, dass wir mit unserem Bewusstsein durchaus Einfluss darauf haben, wie wir entscheiden und handeln. Denn jede Entscheidung enthält bewusste und unbewusste Anteile (Weinschenk 2011); das lässt sich mithilfe moderner bildgebender Verfahren eindeutig an der Gehirnaktivität beobachten. Jedoch lässt sich nicht genau unterscheiden, was wir bewusst tun und welches die unbewussten Anteile daran sind.

Aus Sicht der Hirnforschung macht es übrigens eher Sinn, unser Denken in bewusst und unbewusst zu unterteilen, nicht – wie wir es gewohnt sind – in rational und emotional. Für Rationalität gibt es interessanterweise nämlich gar keine neurobiologische Entsprechung! Rationalität ist nur ein Modell, eine Erfindung des Menschen, während Emotionen echt und messbar sind. Aber das sei hier nur am Rande erwähnt. Die Hirnforschung hat beobachtet, dass an allen bewussten Prozessen das Großhirn beteiligt ist. Aktivität im Großhirn (Neokortex) ist somit ein verlässliches Indiz für Bewusstsein. Da dieser Teil des Gehirns evolutionsgeschichtlich am jüngsten und unerfahrensten ist, ist es ganzheitlich betrachtet auch ziemlich weise, ihm nicht zu viel Macht zu geben …

Halten wir fest: Der Löwenanteil unserer Entscheidungen und Handlungen wird vom schnellen, automatischen und intuitiven System 1 gesteuert. Nachgelagert hat System 2, unser „Verstand", noch mal die Möglichkeit, diese Vorentscheidung kritisch zu überprüfen. Doch System 2 ist langsam, träge und faul und tendiert gerne dazu, der von System 1 vorgeschlagenen Entscheidung blind zu folgen. Um die Chance zu erhöhen, die Entscheidungen und das Handeln anderer zu lenken, bietet sich im Grunde nur eine Erfolg versprechende Strategie an: hirnfreundlich zu kommunizieren. Oder anders ausgedrückt: Die Vermittlung von Botschaften sollte vorrangig auf System 1 ausgerichtet sein, was ich als „mentale Ergonomie" bezeichne.

9.10 Vier essenzielle „Neuro-Influencer", die Sie kennen sollten

Unzählige Einflussfaktoren beeinflussen unsere Entscheidungen. Mit diesem Beitrag möchte ich Sie in die Lage versetzen, auch ohne fremde Hilfe die Neuro-Brille aufzusetzen und Ihre Website einem kleinen Neuro-Check® zu unterziehen. Sie werden dann selbstständig überprüfen können, ob Ihre Website erkennbare „Neuro-Hürden" enthält, die das Gehirn Ihrer Nutzer ausbremsen. Damit Ihnen das etwas leichter fällt, stelle ich Ihnen vier essenzielle Einflussfaktoren vor. Ihr Einfluss ist so weitreichend, dass ich sie lieber als „Neuro-Influencer" bezeichne. Sie heißen:

1. Wahrnehmung
2. Aufmerksamkeit
3. Gedächtnis
4. Urteilsfindung

Zu jedem dieser Bereiche könnte man (mindestens) ein ganzes Buch schreiben, denn diese Themen sind jedes für sich extrem vielschichtig. Da der Platz in diesem Kapitel jedoch begrenzt ist, beschränke ich mich im Nachfolgenden auf einige wenige Highlights.

9.10.1 Neuro-Influencer Wahrnehmung – It's all about perception

Das Gehirn ist unser Chef. Es steuert all unsere Entscheidungen und unser Handeln. Aber machen Sie sich für einen Moment bewusst, woher das Gehirn seine Informationen bezieht. Das geschieht ausschließlich über Informanten; keine einzige Information bekommt das Gehirn aus erster Quelle. Jede Information wird durch Boten überbracht. Das gilt auch für jede Information zu unserer Außenwelt, denn das Gehirn selbst hat keine direkte Verbindung nach außen. Es ist hier ganz auf unsere fünf Sinne (Sehen, Hören, Tasten, Riechen, Schmecken) angewiesen. Die meisten Sinnesinformationen (ca. 80 %) gelangen über das Sehen zum Gehirn. **Die Augen sind also unser wichtigstes Wahrnehmungsorgan.**

Visuelle Reize werden von System 1 superschnell interpretiert. In der Amygdala (limbisches System) werden sie emotional bewertet. Und diese Bewertung entscheidet darüber, ob es sich überhaupt „lohnt", das Wahrgenommene ans Bewusstsein durchzulassen. Wenn wir von Wahrnehmung sprechen, meinen wir in der Regel nur den kleinen Teil, den wir *bewusst* wahrnehmen. Aber viel wichtiger ist die Erkenntnis: Der Sehsinn bildet die Außenwelt nicht so ab, wie sie ist. Was im Gehirn ankommt, ist nur eine Interpretation. Wahrnehmung generell ist nur eine Interpretation.

> **Neuro-Prinzip:** Es zählt nicht, was ist, sondern nur, was Menschen wahrnehmen. It's all about perception!

System 1 interpretiert nach bestimmten Mustern und aufgrund von gespeicherten Erfahrungen. Der Umgebungskontext ist maßgeblich dafür, wie diese Interpretation ausfällt. (Hierzu erwähnt z. B. Dan Ariely [2012] immer wieder verblüffende Beispiele.)

Neuro-Prinzip: Wahrnehmung ist immer vom Kontext abhängig.

Doch System 1 ist nicht nur schnell, sondern auch ungenau, und dadurch sind die Interpretationen recht fehleranfällig. Wie fehlbar unsere (visuelle) Wahrnehmung ist, zeigt sich z. B. an optischen Täuschungen. Und es kommt noch besser: Es gibt bestimmte Muster, die unser System 1 aufgrund des Kontextes falsch interpretiert. Wir *sehen* etwas „Falsches". Selbst, wenn wir das Wissen haben (System 2), dass das Wahrgenommene nicht sein kann, können wir die falsche Wahrnehmung nicht „korrigieren". Sehr eindrucksvoll finde ich die Schachbrett-Illusion[13] (siehe Abb. 9.4).

Abbildung 9.4: Schachbrett-Illusion.

Die Felder A und B haben exakt den gleichen Grauton, doch aufgrund unserer Erfahrungen mit Licht und Schatten nehmen wir Feld A dunkler wahr als Feld B (Edward H. Adelson 1995).

Daraus lässt sich für Ihre Website wie für jede Form der Kommunikation die Empfehlung ableiten: Achten Sie in erster Linie darauf, wie die Dinge wahrgenommen werden (sollen). Das ist wichtiger, als darauf zu vertrauen, dass Ihre Fakten korrekt beschrieben sind (was sie natürlich trotzdem sein sollten). Hierzu ein paar Tipps:

---

13 Das Beispiel ist im Netz in unzähligen Varianten zu finden. Eine animierte Version der Schachbrett-Illusion, mit Erklärung und Angabe zu den Primärquellen, finden Sie z. B. unter: http://www.michaelbach.de/ot/lum-adelsonCheckShadow/index-de.html

- Gruppieren Sie Sinneinheiten unmissverständlich und grenzen Sie unterschiedliche Sinneinheiten visuell eindeutig voneinander ab (Stichwort Gestaltgesetze).
- Prüfen Sie in Text- und Bildsprache, ob unerwünschte Assoziationen möglich sind. Falls ja, wählen Sie eine Alternative.
- Achten Sie auf angemessene Größenverhältnisse und Kongruenz in der inhaltlichen und visuellen Hierarchie. Es gilt der Grundsatz: Je größer, desto wichtiger. (Schon deshalb sollten Überschriften groß und auffällig sein.)

9.10.2 Neuro-Influencer Aufmerksamkeit – ohne Wahrnehmung keine Aufmerksamkeit

Nicht allen eintreffenden Sinnesreizen schenken wir unsere Aufmerksamkeit. Die Aufmerksamkeit auf etwas zu richten ist mental anstrengend und kostet sehr viel Energie. Deshalb geht unser Gehirn mit der Aufmerksamkeit sehr ökonomisch um, um nicht zu sagen äußerst sparsam.

> **Neuro-Prinzip:** Aufmerksamkeit ist limitiert ... und (deshalb) fokussiert.

Dinge, auf die wir unsere Aufmerksamkeit nicht richten, übersehen wir – und zwar im wahrsten Sinne des Wortes. Genau aus diesem Grund gehört ein (simuliertes) Eyetracking zu jeder gründlichen Webseitenanalyse. Es ist der beste und einfachste Weg, zuverlässig herauszufinden, was Nutzer wahrnehmen und worauf ihre Aufmerksamkeit gerichtet ist.

Grundlegend sind zwei Arten der Aufmerksamkeit zu unterscheiden:
- **Top-Down-Attention** – vom kontrollierenden System 2 ausgehend. Das ist die gezielte Aufmerksamkeit, die ein Nutzer mitbringt, weil er etwas sucht.
- **Bottom-Up-Attention** – vom automatischen System 1 ausgehend. Das ist alles, was den Nutzer (ab)lenkt.

Bottom-Up-Attention ist sehr viel mächtiger und auf neuronaler Ebene erheblich schneller. Achten Sie bei Ihrem persönlichen Neuro-Check® darauf, dass nur erwünschte Informationen so gestaltet sind, dass sie die Bottom-Up-Attention anregen.

Wählen Sie also sehr gezielt aus, denn weniger ist hier mehr. Bedenken Sie, dass die Ressourcen für Aufmerksamkeit stark limitiert sind. Eliminieren Sie jede auffällige Gestaltung von Informationen, die für Ihr Ziel nicht wichtig sind. **Webseiten mit**

einer klaren visuellen Hierarchie sind erfolgreicher, denn sie passen sich der sehr begrenzten Aufmerksamkeitskapazität unseres Gehirns an. Lenken Sie durch Farbe und Form, denn daran orientiert sich das Gehirn am stärksten. Und versuchen Sie, wichtige Botschaften durch aussagekräftige Bildsprache (begleitend zum Text) zu transportieren. Bilder interpretiert das Gehirn bis zu 60.000-mal schneller als Text. Deshalb sind Bilder im Vergleich zu Text die sehr viel schnelleren Transportmittel für Botschaften.

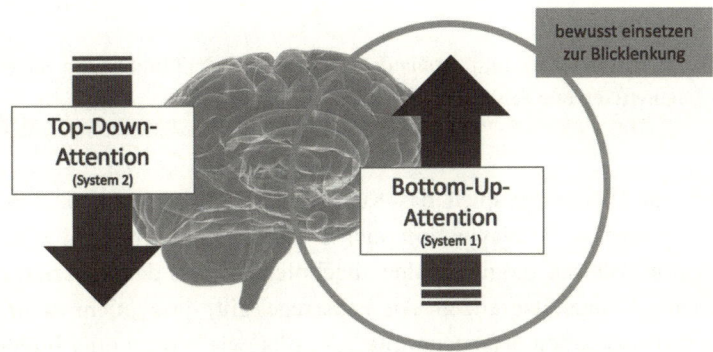

Abbildung 9.5: Zwei grundlegende Arten von Aufmerksamkeit (Sonja Schiller 2016)

Es folgen noch einige Hilfestellungen zum leichteren Erkennen von Einflüssen, die die mächtige Bottom-Up-Attention unwillkürlich anregen.

Visuelle Magnete für Bottom-Up-Attention

■ **Die drei Fs:** Food, F--k, Fight
System 1 scannt unsere Umgebung ständig (sogar im Schlaf!) mit diesen drei Fragestellungen: Kann ich es essen (Food)? Kann ich Sex damit haben (F—k)? Bringt es mich um (Fight)?

■ **Bilder: Nahaufnahmen, Gesichter, Hände**
Setzen Sie diese Bildertypen immer dann auf Ihrer Website ein, wenn es wichtig ist, die Aufmerksamkeit des Nutzers zu lenken.

■ Folgende **Stimuli der NeuroMap, auf die unser System 1 unwillkürlich reagiert: Ego, Kontrast, visuell, emotional**
Denken Sie bei Kontrast in alle Richtungen: hell vs. dunkel, klein vs. groß, unruhig vs. ruhig, statisches Bild vs. Bewegtbild, weiträumig vs. eng, vorher vs. nachher, alt vs. neu usw.

9.10.3 Neuro-Influencer Gedächtnis und Urteilsfindung

Diese beiden Neuro-Influencer sind so eng miteinander verbunden, dass es sinnvoll ist, sie als Paar vorzustellen. Für Sie als Websitebetreiber sind vor allem diese beiden Neuro-Prinzipien relevant:

> **Neuro-Prinzip:** Unsere Gedächtniskapazität ist stark limitiert.

> **Neuro-Prinzip:** Beim Erinnern und Urteilen entstehen sehr leicht und häufig Fehler (Stichwort Urteilsheuristiken und Fehlurteile).

Beim Surfen auf Webseiten spielt das Kurzzeitgedächtnis eine bedeutende Rolle. Werden dem Nutzer in der Navigation oder in anderen Bereichen auf einer Seite zu viele Inhalte und Auswahlmöglichkeiten angeboten, kommt das Kurzzeitgedächtnis schnell an seine Kapazitätsgrenzen. Als Faustregel gilt, dass „nicht mehr als etwa sieben Informationseinheiten (sogenannte „Chunks" wie Wörter oder Bilder) gespeichert werden" können (Beck et al. 2016, S. 206).

Bringen Sie Ihre Botschaften so plakativ wie möglich auf den Punkt. Arbeiten Sie dafür markante Wesenszüge heraus, anstatt sich in Details zu verlieren. Wie wir oben erfahren haben, ist unsere Aufmerksamkeit limitiert und fokussiert. Gerade Alltagsdingen schenken wir nur flüchtige Aufmerksamkeit. Deshalb erinnern wir uns bei grundsätzlich vertrauten Dingen häufig nicht an Details. Da unser Gehirn assoziativ arbeitet, erinnern wir uns zudem an Details, die wir gar nicht gesehen haben, und an Informationen, die gar nicht da waren.

Nutzen Sie diese Erkenntnis, um durch Aussparen, Weglassen von Details oder Andeutungen im Kopf Ihres Gegenübers Dinge so wirken zu lassen, wie es günstig für Sie ist. Dank der assoziativen Arbeitsweise unseres Gehirns können Sie in den Köpfen Ihrer Zielgruppe konkret bestimmte Assoziationen entstehen lassen (Bahnungs- und Priming-Effekte).

Unser Gehirn zeigt in allen Bereichen, dass es Energie sparen will (und muss). Erinnerungen vorzuhalten kostet sehr viel Energie. Deshalb ist kontrolliertes Vergessen genauso wichtig wie das langfristige Speichern von Dingen, die wirklich nützlich für uns sind. Je nützlicher etwas für uns ist, desto höher ist die Wahrscheinlichkeit, dass wir diese Information im Langzeitgedächtnis aufbewahren. Nutzen Sie diese Erkenntnis und betten Sie Ihre Kernbotschaften in einen (empfängerbezogenen) nützlichen Kontext – einen Kontext, mit dem Ihr Gegenüber eine nützliche Bedeutung verbindet (Stichworte: Beziehungsaufbau und Storytelling).

9.10.4 Urteilsheuristiken und Urteilsfehler

Aus Gründen der Energieeffizienz schenken wir nicht allen Informationen Aufmerksamkeit und merken uns auch nur einen Bruchteil dessen, was uns begegnet. Zudem speichern wir Informationen auch noch falsch ab. Wie oben bei den Neuro-Modellen erwähnt, haben Kahneman und Tversky mit ihren Untersuchungen und Einsichten die Urteilsforschung grundlegend verändert und geprägt. So konnten sie belegen, dass wir Menschen bei der Urteilsfindung nicht etwa sorgfältig Fakten abwägen. Im Gegenteil. **Wir wenden regelmäßig Heuristiken (einfache Faustregeln) an, um zu Urteilen und Entscheidungen zu kommen.** Wir tun das nicht bewusst, sondern ganz automatisch (System 1 ist hier am Werk). Unser System 2 (Bewusstsein) bestreitet sogar, dass ein Urteil „aus dem Bauch" heraus entstanden ist und nicht etwa durch sorgfältige analytische Berechnungen. Faustregeln sind in vielen Fällen hilfreich (deshalb nutzt sie unser Gehirn ja auch). Aber sie sind auch sehr unzureichend und führen zu systembedingten Urteilsfehlern.

> **Neuro-Prinzip:** Das Gehirn urteilt (vor-)schnell. Der erste Eindruck entscheidet alles.

Eine Beschreibung der jeweiligen Heuristiken spare ich an dieser Stelle aus, weil es den Rahmen dieses Kapitels sprengen würde. Bei Interesse besuchen Sie folgenden Link: ↗ https://neuro.works/freebie-urteilsheuristiken

9.10.5 Ohne Emotionen keine (Kauf-)Entscheidung – Spiegeleffekte und Empathie

Last but not least darf in einem Neuro-Beitrag das Thema Emotionen nicht fehlen. Wie oben erwähnt, gibt es aus Sicht des Gehirns überhaupt keine rein sachlichen Informationen. Jede Information wird im Gehirn emotional bewertet. Und nur Informationen, die uns emotional berühren, haben die Chance, uns auch zu bewegen, sei es in Form einer mentalen Entscheidung oder auch in Form von konkretem Handeln.

Fragen Sie sich beim Gestalten Ihrer Website: „Welche Emotion soll beim Websitenutzer entstehen?" Suchen Sie dann eine Darstellungsform, mit der Sie diese Emotion bestmöglich *vorleben* (Bilder und Videos). Nutzen Sie dabei auch das Wissen über die Gewichtung unserer Sinne. Die Emotion muss mindestens visuell dargestellt werden, damit sie die nötige Aufmerksamkeit erfährt. Gerade bei Videos haben Sie den zusätzlichen Hebel, auditive Reize (Musik und Soundeffekte) zu integrieren. Auditive Reize wirken besonders stark auf das limbische System, das für unsere Emotionen zuständig ist.

Sicher haben Sie in Ihrer Trainings- und Coachingausbildung Spiegelneuronen und Spiegeleffekte kennengelernt. Sie sorgen dafür, dass wir mit anderen mitfühlen können und nicht teilnahmslos bleiben. Diese Empathiefähigkeit ist für unser soziales Miteinander von grundlegender Bedeutung. Für Ihre Website reicht es jedoch, grundsätzlich zu verstehen, dass es Spiegeleffekte gibt und dass diese – auch auf Webseiten – wirken.

> Wir fühlen mit anderen, weil unser Gehirn spiegelt, was es wahrnimmt (Spiegeleffekte, Spiegelneurone).

9.10.6 Wirkung von Stress auf Spiegeleffekte und die Empathiefähigkeit

Dass wir von Natur aus empfänglich sind für Spiegeleffekte ist unumstritten. Hier sei jedoch eine Einschränkung erwähnt, die ich für sehr wichtig halte: „Menschen können nicht emphatisch reagieren, wenn sie sich gestresst, in Konkurrenz und ausgelaugt fühlen. Nimmt der Stress ab, entsteht sofort mehr Raum für Mitgefühl" (Bartens 2017. S. 26). Stress ist immer ein körperlich messbares Signal (der Cortisolspiegel steigt und setzt eine Reihe körperlich messbarer Reaktionen in Gang, Biofeedback). Sehr vereinfacht ausgedrückt, ist Stress ein Signal für einen stark beanspruchten Energieverbrauch. Webseiten, die mental ergonomisch aufgebaut sind, also leicht bedienbare Websites, verursachen beim Nutzer weniger Stress. Je geringer der Stresslevel, desto stärker ist die Wirkung von Spiegeleffekten. Das bedeutet, dass mit gut bedienbaren Webseiten auch eine bessere emotionale Lenkung möglich ist.

> **Fazit:** Intuitive Webseiten bieten optimale Rahmenbedingungen, damit Spiegeleffekte zielgerichtet wirken können. D. h., sie erzeugen beim Websitenutzer die Emotionen, die durch vorgelebte Emotionen hervorgebracht werden sollen.

9.11 So einfach wie Fahrradfahren ...

Ist Ihr Blick für Neuro-Prinzipien auf Webseiten durch das Wissen aus diesem Kapitel tatsächlich geschärft? Für den Augenblick ja. Wenn Sie aber dauerhaft davon profitieren wollen, dann trainieren Sie Ihren neuro-analytischen Blick. Schauen Sie sich Webseiten Ihrer Mitbewerber an und machen Sie mithilfe dieses Artikels immer wieder einen kleinen gedanklichen Neuro-Check®.

Zum Abschluss möchte ich Ihnen ein Video ans Herz legen, das ein sehr amüsantes Experiment vorstellt. Es geht ums Fahrradfahren. Fahrradfahren ist einfach. Doch sobald sich etwas von dem, was wir bereits (über das Fahrradfahren) gelernt haben, verändert, passiert etwas Erstaunliches … Ohne Training sind wir nämlich nicht in der Lage, das neue Wissen umzusetzen. Schauen Sie sich auf YouTube das Video „The Backwards Brain Bycicle" an (siehe Abb. 9.6).

Abbildung 9.6: The Backwards Brain Bicycle – Smarter Every Day
Quelle: ↗ https://www.youtube.com/watch?v=MFzDaBzBlLo

Fazit: Je mehr Sie Ihren Blick für Neuro-Prinzipien schulen, umso mehr gehen Ihnen diese in Fleisch und Blut über. Also: üben, üben, üben.

Mit dem in diesem Kapitel Vermittelten wissen Sie nun, dass Wiederholungen dazu führen, kognitive Prozesse, für die ursprünglich mal System 2 zuständig war, in System 1 zu überführen. Bekommt nämlich das Gehirn mit, dass bestimmte System-2-Prozesse häufiger benötigt werden, wendet es die Strategie an, diesen Prozess zu automatisieren. Automatisierung spart Energie.

Und da ist es zum Abschluss des Kapitels wieder – das oberste Neuro-Prinzip. Na, wie lautet es? ... Genau: Das Gehirn will Energie sparen.

10. | Journalisten begeistern und in der Presse präsent sein

(Maria Fahnemann)

10.1 Worum geht es?

Ohne zielgerichtete Pressearbeit ist kein Marketingkonzept richtig komplett. Über Präsenz in ausgewählten Zeitungen und Zeitschriften haben Sie als Coach die Chance, als Expertin wahrgenommen zu werden. Zeitungsartikel haben beim Leser nämlich eine hohe Glaubwürdigkeit – und sie sind für Sie kostenlos. In diesem Kapitel erfahren Sie, was Sie tun können, um Journalisten mit Ihrer Geschichte zu begeistern, damit diese über Sie schreiben.

Eine Angst kann ich Ihnen gleich von vornherein nehmen: Pressearbeit bedeutet nicht, dass Sie selbst interessante Artikel in brillanter Form verfassen und veröffentlichen sollen. Pressearbeit ist ganz viel Beziehungsarbeit, Beziehungsarbeit zu Journalisten. Denn die werden über Ihre Themen schreiben – wenn Sie ihnen interessante Geschichten liefern! Wie das geht, erfahren Sie hier.

Die allererste Voraussetzung für gelingende Pressearbeit ist ganz einfach: Lesen Sie selbst die Zeitungen oder Zeitschriften, in denen Sie mit Ihren Themen erscheinen möchten. Nur wenn Sie diese Zeitungen kennen, wissen Sie, welche Themen dort behandelt werden. Nur dann wissen Sie auch, welche Zeitschriften von Ihren Zielgruppen gelesen werden. Und die wollen Sie schließlich erreichen.

Einige Beispiele:

Wenn Sie als Coach in erster Linie mit Führungskräften arbeiten, sollten Sie sich fragen, was Führungskräfte lesen. Wahrscheinlich eher eine Wirtschaftszeitung, die sich auch mit dem Thema Teamführung beschäftigt und wohl eher selten ein Magazin, in dem es hauptsächlich um Mode geht. Außerdem lesen Führungskräfte wahrscheinlich auch Tageszeitungen – und auch dort geht es immer wieder um berufliche Themen.

Wenn Ihre Wunschkunden in erster Linie Frauen in Lebensumbrüchen sind, überlegen Sie, was die gerne lesen. Wie alt sind diese Frauen? Welche Zeitungen und Zeitschriften gibt es, die sich speziell für diese Leserinnen interessieren? Welche

Radiosendungen hören sie oder welche Infosendungen schauen sie sich gegebenenfalls im Fernsehen an?

> **Tipp:** Stöbern Sie in großen Zeitschriftenläden, zum Beispiel am Bahnhof, und verschaffen Sie sich einen Überblick über die Presseerzeugnisse, die aus Sicht Ihrer Zielgruppe interessant sein könnten. Wie werden dort Themen behandelt, die auch Ihre sein könnten?

10.2 Wie geht es weiter?

Sie haben nun ein paar Zeitungen oder Zeitschriften ausgesucht, denen Sie gerne einmal ein Thema anbieten möchten. Jetzt stellen sich zwei Fragen:
1. Was ist ein journalistisches Thema?
2. Und: Wie komme ich an Journalisten?

Dazu eine kurze Vorstellung: Wie „ticken" Journalisten?

Journalisten sind immer auf der Suche nach einer besonderen Geschichte. Sie interessiert nicht das Alltägliche, sondern die besondere Nachricht, die spannende Story, bei der es um echte Menschen mit echten Problemen, Sorgen und Nöten geht. Eine alte Journalistenweisheit bringt es so auf den Punkt: „Hund beißt Mann ist keine Nachricht. Mann beißt Hund dagegen schon."

Darüber hinaus lieben Journalisten Zahlen, Daten und Fakten, denn damit können Sie ihre Geschichten untermauern. Außerdem lieben sie Superlative, denn die bringen eine Portion Spannung und Dramatik in ihre Artikel: Das Erste, Größte, Älteste oder Neueste verspricht diese Spannung. Mit Superlativen ist allerdings nicht das Schönste, Beste oder Wichtigste gemeint, denn das sind Wertungen, die nicht belegbar sind.

Journalisten wollen keine Werbung machen. Sie beziehen mitunter Stellung, ja, aber Geschichten, die nur von Glanz und Gloria erzählen und darstellen, wie toll ein Coach ist, sind für Journalisten uninteressant. Das bringt uns zum Thema:

Was ist eine gute Geschichte?

Überlegen Sie einmal, was ein Roman haben muss, damit er Sie fesselt. Einen Helden, der immer glänzend dasteht, alles schafft und am Ende sind alle so glücklich, wie sie es vorher schon waren? Oder sind es nicht eher die Bücher, in denen Menschen scheitern, sich durchkämpfen, Niederlagen wegstecken müssen, um am Ende doch erfolgreich zu sein und dabei etwas gelernt zu haben, die uns begeistern? Na, sehen Sie. Und genau diese Geschichten, die „das Leben schreibt", sind das, was Journalisten wollen. Nur nicht erfunden, sondern echt.

Gute journalistische Themen handeln von Menschen. Bestenfalls von Menschen, die zum Beispiel gegen alle Widerstände etwas erreicht haben. Die Hindernisse überwinden und kämpfen mussten und das dann irgendwie geschafft haben.

Und mit diesen Menschen haben Sie als Coach doch auch ständig zu tun. Überlegen Sie also: „Welche Geschichten höre ich im Coaching immer wieder? Was sind die Widerstände, an die die Führungskräfte, die ich begleite, immer wieder stoßen?" Was sind typische Lebensumbrüche, die zum Umdenken auffordern? Was berichten Ihnen Ihre Coachees immer wieder?

Daraus lassen sich interessante Geschichten entwickeln! Dazu müssen Sie nun nicht Ihre Schweigepflicht brechen und von konkreten Einzelfällen berichten. Aber Sie können vielleicht einen Trend erkennen und Ihre Story könnte davon berichten, wie Führungskräfte immer wieder in dieselbe Situation kommen und wie sie damit umgehen können. Sie als Expertin für Führungskräfte erleben das schließlich ganz häufig und können zu dem Thema richtig viel beitragen.

Merken Sie etwas? Bei der Entwicklung einer journalistischen Story geht es nicht darum, Ihre tollen Coachingmethoden in den Vordergrund zu stellen. Es geht darum, die menschlichen Geschichten dahinter zu erzählen. Wie Sie im Coaching diesen Menschen helfen, läuft da eher beiläufig nebenher.

Was beim Leser haften bleiben soll

Die Führungskraft, die einen Artikel liest, in dem zum Beispiel „Typische Fallen im Führungsalltag und wie man damit umgeht" beschrieben werden, denkt vielleicht: „Stimmt, so geht's mir auch häufig. Ist ja interessant, was die hier beschriebenen Abteilungsleiter da unternommen haben und was geholfen hat. Coaching scheint ja tatsächlich hilfreich zu sein." Und in diesem Zusammenhang ist dann auch noch Ihr Name zu lesen. Botschaft angekommen. Ziel erreicht. Und weil Sie dieses und andere Themen ja immer wieder der Presse anbieten, sickert es langsam, aber sicher durch, dass Sie offenbar ein gutes Händchen dafür haben, Führungskräfte im rauen Arbeitsalltag zu coachen.

Merke: Einfach nur „Es gibt mich und das biete ich an" ist keine Geschichte!

10.3 Und wie komme ich jetzt an Journalisten?

Sie haben eine erste Idee für eine gute Story. Wie finden Sie nun Journalisten und wie bieten Sie Ihre Story an? Darum geht es im nächsten Schritt.

Nehmen Sie die Zeitungen und Zeitschriften zur Hand, denen Sie Ihre Geschichte anbieten möchten. Blättern Sie sie durch, um herauszufinden, wer ähnliche Themen wie Ihres bearbeitet. Besonders bei längeren Artikeln werden Autoren angegeben. Sie können dann im Impressum nachschauen, ob Sie dort die Kontaktdaten des betreffenden Journalisten finden. Dann ist es einfach. Sie wissen jetzt, wen Sie ansprechen können.

Name im Impressum nicht gefunden? Suchen Sie die Journalistin über eine Suchmaschine im Internet. Freie Autoren haben häufig eine eigene Internetseite oder sind auf Facebook oder Twitter aktiv. Alternativ können Sie auch bei der Redaktionsassistenz anrufen und nach der E-Mail-Adresse des gesuchten Journalisten fragen.

> **Tipp:** Journalisten sind viel beschäftigte Menschen, die meistens unter Zeitdruck stehen. Daher nehmen Sie am besten per E-Mail den Kontakt auf.

Man muss allerdings wissen, dass Journalisten täglich Hunderte E-Mails mit Pressemitteilungen bekommen. Es geht also darum, aufzufallen und nicht ungelesen im Papierkorb zu landen.

Das Zauberwort lautet deshalb: Formuliere eine knackige Betreffzeile!

In der Betreffzeile sollte aus wenigen Worten hervorgehen, was Ihr Anliegen ist. Dazu müssen Sie Ihr Thema auf eine einzige Zeile verdichten. Sie sollte neugierig machen und trotzdem auf einen Blick erkennen lassen, worum es geht. Und damit der Empfänger sofort sieht, was man von ihm will, leiten Sie die Betreffzeile mit „Themenangebot:" ein.

Das klingt viel besser als „Pressemitteilung" (denn so schreiben es rund 80 % der übrigen Themenanbieter, und Sie wollen doch auffallen).

Tabu sind sowohl in der Betreffzeile als auch im nachfolgenden Text Ihrer E-Mail Wortspiele, Andeutungen, Ironie und alles andere, was zu Missverständnissen einlädt.

Zusammengefasst: Ihr E-Mail-Text

Im Text Ihrer E-Mail fassen Sie kurz das Wichtigste Ihres Themas zusammen. Denn wenn Sie es geschafft haben, dass der Journalist Ihre Mail öffnet, will er in aller Kürze erfahren, was Sie zu bieten haben. Garniert wird das Ganze dann idealerweise mit ein paar Zahlen oder Fakten und Ihren Kontaktdaten. Wenn der Journalist angebissen hat, will er mehr wissen und ruft möglicherweise an.

So könnte Ihre E-Mail aussehen (das gewählte Beispiel ist natürlich frei erfunden!)

Betreff:

Themenangebot: Angst vor den eigenen Mitarbeitern macht Führungskräfte krank

Text:

Sehr geehrte Frau XY,

in den letzten Jahren stelle ich gehäuft fest, dass Angst vor den eigenen Mitarbeitern für Führungskräfte das größte Problem in ihrer täglichen Arbeit ist. Ich coache jedes Jahr etwa 70 Führungskräfte und rund die Hälfte berichtet von Magen- oder Kopfschmerzen, ohne dass der Hausarzt etwa finden kann. Teammeetings und Mitarbeitergespräche machen ihnen Angst. Besonders nach dem Wochenende oder nach der Rückkehr aus dem Urlaub verstärken sich die Beschwerden.

Spreche ich mit Kolleg/inn/en, die ebenfalls Führungskräfte coachen, berichten diese von ähnlichen Beobachtungen.

Wenn Sie wie ich der Meinung sind, dass das ein Thema für Ihre Rubrik „Neues aus der Führungsetage" sein könnte, lassen Sie uns ins Gespräch kommen.

Sie erreichen mich unter folgenden Kontaktdaten.

Mit freundlichen Grüßen

Tina Zugewandt
Führungskräftecoach

Der Journalist ruft nicht an

Sie haben einem oder mehreren Journalisten Ihren Themenvorschlag in einer knappen, kurzen Mail zugeschickt und nun sitzen Sie da und starren aufs Telefon. Aber es klingelt nicht. Haben Sie etwas falsch gemacht? Nicht unbedingt. Denn, so bitter es klingt, dass niemand zurückruft, ist leider eher der Normalfall und nicht Folge eines Fehlers.

Auch ausgebuffte PR-Profis leben damit, dass ihre Themenangebote zum größten Teil im Papierkorb landen. Kein Grund aufzugeben! Aber: Erst recht kein Grund, nun Ihrerseits den Journalisten anzurufen, um „mal nachzuhören, ob er Ihre Nachricht bekommen hat". Widerstehen Sie dieser Versuchung unbedingt! Nichts nervt Journalisten mehr als das! Es kann viele Gründe geben, warum ein Thema nicht aufgegriffen wird. Hier nur einige davon:

- Das Thema hat nichts Neues.
  Tipp: Demnächst besser recherchieren, wie „abgegriffen" das Thema schon ist.

- Das Thema interessiert den Journalisten einfach nicht.
  Tipp: Gelassen bleiben, das kann passieren. Auch Journalisten sind Menschen. Recherchieren Sie, in welchem Medium das Thema eventuell besser passen könnte.

- Das Thema passt gerade nicht.
  Tipp: Augen offen halten. Gibt es Anlässe, zu denen Ihr Thema besser passen würde? (Dazu später mehr.)

- Das Thema wurde in der Zeitung vor Kurzem schon einmal behandelt.
  Tipp: Zeitung lesen!

Der Journalist ruft an

Sie haben es geschafft! Der Journalist hat nicht nur Ihre E-Mail geöffnet und gelesen, Sie haben ihn mit Ihrem Themenvorschlag auch neugierig gemacht. Er möchte mehr wissen und ruft Sie an, um Ihnen einige Fragen zu stellen.

Drehen Sie jetzt den Spieß ein wenig um. Fragen Sie ihn, was er genau wissen möchte und wo er den Schwerpunkt in seinem Artikel plant. Dann können Sie Ihre Antworten gut darauf abstimmen.

Was Sie jetzt erwarten können

Der Journalist wird Sie zu dem von Ihnen vorgeschlagenen Thema nun befragen. Wahrscheinlich will er Zahlen hören, die die von Ihnen gemachten Aussagen unterstreichen. Vielleicht fragt er Sie, was genau denn die Führungskräfte über ihre Angst vor den Mitarbeitern erzählen, eventuell auch, wie Sie den Menschen in solchen Fällen helfen.

Versuchen Sie, in Ihre Antworten noch ein paar Tipps einzustreuen, die der Journalist hinterher in seinem Artikel verwenden kann. Damit sind Dinge gemeint, die der Leser selbst sofort ausprobieren kann, ohne Sie als Coach zu engagieren. Denn hier geht es erst mal darum, Sie als Experten zu präsentieren, es geht nicht ums Verkaufen! Bieten Sie eventuell noch schriftliches Zusatzmaterial an – damit ist allerdings *nicht* Ihr Flyer gemeint, sondern zum Beispiel ein Aufsatz zum Thema oder eine Untersuchung, die jemand dazu gemacht hat. Auch wenn Sie auf weitere Experten verweisen können, macht sich das gut, vor allem dann, wenn Themenbereiche berührt werden, die von Ihrem Spezialthema abweichen.

In einem Satz: Seien Sie ein echter Gesprächspartner, der dem Journalisten einen Mehrwert liefert. Hier geht es nicht darum, Ihr Coaching zu verkaufen! Sie sind die interessante „Infoquelle", die zum Thema „Ängste von Führungskräften" etwas Substanzielles zu sagen hat.

Was Sie nicht erwarten können

Der Journalist wird das Gespräch mit Ihnen nicht als Eins-zu-eins-Interview abdrucken. Das ist nämlich höchst unwahrscheinlich. Gegebenenfalls nimmt er ein bis zwei Zitate von Ihnen, vielleicht auch nicht. Vielleicht stellt er das Thema dar, ohne Sie zu zitieren. Damit müssen Sie leben. Machen Sie deshalb bloß nicht den Fehler, sich hinterher darüber zu beschweren, dass Ihre Aussagen nicht aufgegriffen wurden – weder direkt beim Redakteur noch in den sozialen Netzwerken. Sonst wird dieser Journalist Sie nie wieder anrufen! Der Journalist ist Herr über seinen Artikel und Ihnen gegenüber zu nichts verpflichtet. Auch wenn er eine halbe Stunde oder noch länger mit Ihnen telefoniert hat. Er allein entscheidet, wie der Artikel hinterher aussieht, und er wird das verwenden, was *er* interessant findet. Das ist Pressefreiheit.

Seien Sie also nicht allzu enttäuscht, wenn der Artikel hinterher so gar nicht Ihren Vorstellungen entspricht. Freuen Sie sich vielmehr, denn Sie haben eine erste wichtige Hürde in puncto Pressearbeit genommen: Sie haben einen Journalisten für eines Ihrer Themen interessieren können und so eine erste Beziehung zu ihm aufgebaut. Darauf können Sie, wenn Sie weitere Ideen haben, zurückgreifen.

> Je mehr Beziehungen Sie zu unterschiedlichen Pressevertretern aufbauen, desto eher wird sich eine Journalistin genau an Sie erinnern, wenn sie einmal etwas zu einem Thema braucht, in dem Sie Expertin sind!

10.4 Wie Sie die Wahrscheinlichkeit steigern, von Journalisten wahrgenommen zu werden

Es gibt ein paar einfache Kniffe, wie Sie die Aufmerksamkeit von Journalisten auf Ihre Themen steigern können. Nehmen wir einmal an, Sie haben grundsätzlich Ihre Themen definiert und wissen auch schon, wo Sie sie anbieten möchten. Neben dem Was und Wo spielen noch weitere Aspekte eine Rolle. Prüfen Sie also:

- Gibt es ein Thema, das gerade „in der Luft liegt"? Wer zum Beispiel junge Menschen im Rahmen der Berufswahl coacht, kann den Faden aufnehmen, wenn in den Zeitungen wieder einmal über Fachkräftemangel berichtet wird. Also auch hier lohnt es sich, die Presse zu verfolgen und zu schauen, welche Themen gerade öffentlich diskutiert werden.

- Gibt es Veranstaltungen, Jahrestage, einen Tag des … oder der …, eine Fachmesse, die zu Ihren Coaching-Schwerpunkten passen? Dann nehmen Sie das als Aufhänger für Ihr Themenangebot! Aber Achtung: Sie müssen hier meistens früh dran sein und Ihr Thema schon ein paar Wochen vorher anbieten. Gerade Zeitschriften haben lange Vorlaufzeiten.

- Haben Sie ein Buch geschrieben? Dann wählen Sie einen Aspekt aus dem Buch als Thema aus und bieten Sie das einem Journalisten an. Ihre Buchveröffentlichung kann dann „ganz nebenbei" erwähnt werden.

- Machen Sie eine Umfrage zu einem Thema. Erinnern Sie sich? Journalisten lieben Zahlen, Daten, Fakten.

10.5 Zusammenfassung: 15 clevere Tipps für eine erfolgreiche Pressearbeit

1. Kontaktieren Sie Journalisten vorzugsweise mit einer kurzen und knappen E-Mail, die Ihren Themenvorschlag umreißt. Für ungeplante „Zwischendurch-Anrufe" haben Journalisten meist keine Zeit.

2. Bauen Sie sich nach und nach einen Presseverteiler auf mit Journalisten, denen Sie schon einmal ein Thema angeboten haben. Führen Sie Buch über Ihre Journalistenkontakte und deren Reaktionen. So behalten Sie den Überblick.

3. Publikationen haben Vorlaufzeiten, bei Monatsmagazinen können das durchaus mehrere Monate sein. Wenn Sie also ins Weihnachtsheft wollen, sollten Sie möglichst schon im Sommer „anklopfen".

4. Insbesondere Zeitschriften planen ihre Themen häufig weit im Voraus. Welche Themen geplant sind, können Sie in der Regel über die „Mediadaten" der Zeitschrift erfahren. Diese bekommen Sie von der Anzeigenabteilung einer Zeit-

schrift. Meistens kann man Mediadaten und Themenlisten auch im Internet einsehen. Dann können Sie Ihre eigenen Themenvorschläge auf die ohnehin geplanten Themen abstimmen.

5. Die meisten Publikationen haben neben der gedruckten (= Print-)Ausgabe auch eine Online-Ausgabe, mit häufig komplett voneinander getrennten Redaktionen. Hier lohnt es sich also, beide Redaktionen anzusprechen. Manches Thema wird eher in eine Onlinezeitschrift aufgenommen, ein anderes passt eher ins gedruckte Heft.

6. Da man nicht alle Zeitungen und Zeitschriften abonnieren kann, lohnt es sich, den wichtigsten Publikationen auf Facebook oder Twitter zu folgen. Auch dadurch bekommt man einen guten Eindruck vom redaktionellen Programm der jeweiligen Publikation.

7. Twitter kann unter Umständen als Kontaktmedium verwendet werden. Zum Beispiel mit einem kurzen Themenanriss, verbunden mit einer Frage. Beispiel: „Themenvorschlag: Führungskräfte habe Angst vor Mitarbeitern – Idee für Rubrik xyz?"

8. Seien Sie selbst öffentlich sichtbar. Eine eigene Internetseite oder Präsenz in den sozialen Medien ist das Mindeste. Journalisten recherchieren genauso wie jeder andere auch: über die Suchmaschinen im Internet.

9. Konzentrieren Sie sich auf Themenvorschläge. Das ist viel erfolgreicher, als Pressemitteilungen zu schreiben. Diese machen auch viel mehr Arbeit und landen oft ungelesen im Papierkorb.

10. Machen Sie regelmäßig Pressearbeit und planen Sie Ihre Aktivitäten anhand eines Kalenders. Beziehen Sie relevante Veranstaltungen in Ihre Planung ein, um immer wieder auch aktuelle Aufhänger für Ihre Themen zu haben. Einmal im Monat etwas in puncto Pressearbeit zu unternehmen wäre schon eine satte Quote. Einmal im Quartal sollte das Mindestmaß sein.

11. Themen, die einen jahreszeitlichen Bezug haben, kann man meist Jahr für Jahr erneut anbieten.

12. Sie müssen sich bei Ihren Themenvorschlägen nicht auf eine einzige Redaktion beschränken, sondern können mehrere Redaktionen gleichzeitig anschreiben.

13. Alternative: Sie bieten ein Thema exklusiv an. Schreiben Sie das im Betreff Ihrer E-Mail gleich dazu. Das macht ein Thema für eine Journalistin oft etwas interessanter. Exklusive Themen werden häufig auch umfangreicher behandelt. Dann dürfen Sie das gleiche Thema aber wirklich keiner anderen Redaktion anbieten! Sie können allerdings bei Ihrer Wunschredaktion anfragen, wie viel Zeit zwischen der Veröffentlichung und einem erneuten Angebot an eine andere Redaktion vergehen muss. Oft erlauben die Redaktionen eine Zweitveröffentlichung nach ein paar Wochen oder Monaten.

14. Widerstehen Sie dem Versuch, Ihren Journalisten-E-Mails hinterherzutelefonieren! Damit machen Sie sich eher unbeliebt und das hilft Ihrem Anliegen sicher nicht weiter. Einzige Ausnahme: Sie bieten gleichzeitig noch einen Zusatznutzen an.

15. Sie müssen nicht alles selber machen. Es gibt PR-Berater/innen, die sich auf die Unterstützung von Einzelunternehmer/inne/n oder sogar auf Coaches, Berater und Trainer spezialisiert haben. Schon beim Ausloten geeigneter Themen kann der Austausch mit einem Profi sehr hilfreich sein!

Zu guter Letzt ein wirklich guter Rat: Geduld, Geduld, Geduld. Neben dem Aushecken spannender Storys ist das in der Pressearbeit eine wichtige Tugend. Absagen nicht persönlich nehmen, sondern lieber mal nachfragen, was im Zusammenhang mit einem Thema von Interesse sein könnte. Weiterhin Themenvorschläge ausarbeiten und unterbreiten. Dann wird's auch klappen!

Und nun: Einfach anfangen! Viel Erfolg dabei!

11. Auf in das wundersame Reich der Kaltakquise!

(Angelika Eder)

11.1 „Travelling Coaches Tours lädt Sie ein zu einer aufregenden Reise ...“

Liebe Leser, ich möchte Sie heute einladen zu einer Lese- und Fantasiereise; zu einer kleinen, feinen Spritztour ins wundersame Land der Kaltakquise. Mit einer Besonderheit: Stellen Sie sich bitte vor, *Sie* sind Reiseveranstalter und Reiseführer in einer Person.

„Warum?“, werden Sie sich fragen. Nun, weil ich die Reise gerne als Analogie zu einem Akquiseprozess mit einem neuen Kunden nutzen möchte, in dem Sie für einen gelingenden Ablauf sorgen. Ich sehe die Kundengewinnung nämlich als ein Stück Kommunikationsweg, das Sie mit Ihrem Reisegefährten – Ihrem neuen Wunschkunden – gemeinsam gehen. Da macht er aber nur mit, wenn Sie ihm als Reiseführer ein rundum gutes Setting bescheren, vielleicht mit aufregenden Abenteuern, erhellenden neuen Erkenntnissen und auf jeden Fall mit erfrischenden Erlebnissen.

11.1.1 Die Reiseplanung: Ihr Mindset und Ihre Legitimation

Als versierter Reiseveranstalter wissen Sie natürlich, dass der zeitliche Aufwand für Planung und Vorbereitung einer gelungenen Reise deren Dauer bei Weitem übersteigt, und sind deshalb nicht überrascht, dass das auch in der Kundenakquise so ist. Wer hier Sorgfalt walten lässt, hat sozusagen hinten raus die Nase vorn.

11.1.2 Zum heiklen Thema Kaltakquise vorab: Eine rechtliche Einordnung – und eine Absolution

Beginnen wir mit der Absolution. Damit wir möglichst unbelastet in das oft als heikel empfundene Thema Kaltakquise starten können, hilft vorab meist eine Absolution im doppelten Sinne: Erstens dürfen Sie sich freigesprochen fühlen von der erdrückenden Bürde der scheinbar zwingenden Kaltakquise, um Kunden zu gewinnen. Sie müssen das nicht tun. Mehr dazu später.

Zweitens verzeihen wir hier und jetzt der „armen alten" Kaltakquise, dass sie in den vergangenen Jahrzehnten als Dialoginstrument zwischen Anbieter und Kunde so zuschanden geritten worden ist. Das hat die eigentlich gute Idee verbrannt, mit einem potenziellen Kunden möglichst ohne Umwege in einen klärenden Dialog über die zu verkaufende Leistung zu kommen.

Wenn Sie sich mit beiden Gedanken anfreunden können, sind Sie hier richtig und sollten weiterlesen.

Nach jetzt geltender Rechtsprechung ist die Kaltakquise am Telefon unter bestimmten Voraussetzungen vom Gesetzgeber erlaubt, wenn auch eher im Sinne einer Duldung: „… bei Werbung mit einem Telefonanruf gegenüber […] einem sonstigen Marktteilnehmer [nicht] **ohne dessen zumindest mutmaßliche Einwilligung**". Den gesamten Gesetzestext finden Sie im UWG § 7.2. Sie sollten sich aber auch mit den Änderungen befassen, die die neue DSGVO (Mai 2018) mit sich bringt.

11.2 Alles beginnt mit Ihnen … Ihr Mindset

Würden Sie sich als Kommunikationsprofi bezeichnen? Ich denke ja, denn eine gut geschulte Kommunikation ist Ihr wichtigstes Werkzeug in Beratung, Training und Coaching. Dann habe ich eine gute Nachricht für Sie: Sie haben alle erforderlichen Ressourcen für eine richtig gute, überzeugende und glaubwürdige Kundengewinnung bereits in Ihrem Gepäck. Fragt sich, warum Sie dieses Instrumentarium nicht auch dann gezielt einsetzen, wenn es darum geht, einen neuen Kunden zu gewinnen? Ich habe da so meine Idee …

Im Weg steht Ihnen vermutlich „nur" ein weitverbreiteter und fest verankerter Glaubenssatz: **Verkaufen ist „pfui bäh"** und wer sich seinem Kunden anbieten (= anbiedern) muss, ist ein armer Tropf. Zumindest denken die meisten so und dieser Gedanke verhindert, dass Sie unbeschwert und lässig in Akquisegespräche gehen.

Wenn Sie als unternehmerisch denkender und handelnder Trainer, Berater oder Coach diesen hinderlichen Glaubenssatz loswerden möchten, kann ich Ihnen einen alternativen Gedanken offerieren: Betrachten Sie doch einmal **Akquisegespräche als Coachinggespräche**, in denen Sie Ihrem zukünftigen Kunden zu einer fundierten Entscheidung verhelfen, ob Ihre Leistung für ihn sinnvoll und nützlich ist. Wie klingt das für Sie?

Wenn Sie die Idee mögen, werden Sie diesen Gedanken lieben: Den ersten Kontakt zum Kunden, die sogenannte Kaltansprache, dürfen Sie genau so gestalten, wie es sich für *Sie* gut anfühlt. Dafür habe ich mir etwas zurechtgelegt, nämlich den **Ka-**

tegorischen Imperativ der Kaltakquise. Der Kategorische Imperativ stammt vom deutschen Philosophen Immanuel Kant (1724–1804) und meint sehr vereinfacht: „Was du nicht willst, das man dir tu, das füg auch keinem anderen zu."

Also auch nicht, erst recht nicht, wenn Sie einen Kunden gewinnen wollen. Wenn Sie diese Regel in Ihre Akquise übernehmen, verfügen Sie mit einem Schlag über eine ausgefeilte „moralische Leitplanke", die Ihnen längst innewohnt: Ihre Ihnen eigene Höflichkeit und Ihr Fingerspitzengefühl. Ich schätze, darauf können Sie sich als Kommunikationsprofi felsenfest verlassen. Mehr dazu finden Sie im Anhang (1): „Ihr Gedankenexperiment zum Kategorischen Imperativ" (Seite 134 f.).

11.2.1 Warum machen Sie sich auf den Weg?
Ihr Anlass und Ihre Legitimation

Hand aufs Herz: Wir sind alle bequem, zumindest ein bisschen. Warum sollten wir uns also auf den Weg machen? Raus aus der Komfortzone, auf eine ungewisse und womöglich unbequeme Reise voller Risiken und Unwägbarkeiten? Nun, weil das Businessleben das manchmal fordert: Der Umsatz mit den Stammkunden bricht ein, Sie ziehen in eine neue Region, in der Sie keiner kennt, Sie wollen neue Produkte an den Mann bringen. Gute Gründe für aktive Kundenansprache gibt es viele – aber wie sag ich's meinem Kunden?

Wie gesagt: Jedes Gespräch, so auch jedes einzelne Akquisegespräch, funktioniert wie ein Stück Kommunikationsweg, das Sie und Ihr Kunde miteinander gehen. Da Sie der Initiator sind, müssen Sie Ihren Gesprächspartner erst einmal dazu bringen, sich mit Ihnen auf diesen Weg zu machen. Dafür brauchen Sie einen schlüssigen Anlass und eine **tragfähige Legitimation**. Nur wenn Ihr Kunde Ihre Destination mag und versteht, warum er sich mit Ihnen irgendwohin auf den Weg machen soll, wird er es auch tun.

Die angenehmste Form der Legitimation ist die Empfehlung: Jemand, zum Beispiel ein zufriedener Kunde, hat Sie lobend erwähnt und Sie und Ihren nächsten Kunden damit praktisch schon zusammengebracht. Sie werden zum Gespräch eingeladen und können relativ einfach die „Ernte einfahren". Glückwunsch!

Aber auch wenn es keine Empfehlung gibt, wollen Sie sich bei Ihren Wunschkunden ins Gespräch bringen. Dies empfinden die meisten Berater, Trainer und Coaches als relativ unangenehm als „sich anbiedern" und sie verbiegen sich dabei unnötig. Dabei ist es gar nicht so schwer, sich und dem Kunden einen guten Grund für die gemeinsame Reise zu liefern. Was sich als Legitimation gut eignet, finden Sie im Anhang (2) (Seite 136 f.).

11.2.2 Die Reiseroute: Ihr Angebot ist eine Reise wert!

Die gemeinsame Reise dient dazu, mit Ihrem Gesprächspartner herauszufinden, ob er Ihr Kunde werden kann und will. Dabei führen Sie ihn mit viel Fingerspitzengefühl in und durch Ihre Produktwelt, die die Landmarken und Sehenswürdigkeiten Ihrer Route darstellt. Sie achten stets darauf, was Ihr reisender Kunde goutiert, was ihn begeistert und wo Langeweile oder Desinteresse drohen. Darauf reagieren Sie prompt mit den Alternativen, die Sie vorausschauend längst eingeplant haben.

Ihre Produktwelt ähnelt also einer Landkarte, in der man sich gut zurechtfinden kann und die Appetit macht. Wie das geht? Meistens ist für die wenig greifbaren Dienstleistungen in Bildung und Beratung ein **Produktsystem** eine probate Lösung. Wie eine Landkarte für gute Orientierung sorgt, bringt ein System Ordnung in bunt zusammengewürfelte Einzelleistungen. Mir ist klar: Das sagt sich einfach, ist oft aber ein sorgfältiger Prozess, dem man gerne etwas mehr Zeit einräumt. Wer es eilig hat, nutzt dafür als erste klärende Annäherung das Dokument „Der Kometenhafte Aufstieg Ihres Leistungsportfolios" im Anhang (3) (Seite 138 ff.).

Fühlt Ihr Reisegefährte sich in Ihrer Begleitung sicher und gut aufgehoben, bleibt er treu an Ihrer Seite und Sie können sich darauf verlassen, dass Sie ehrliche und substanzielle Informationen von ihm bekommen – das ersehnte (und manchmal auch befürchtete) Feedback. Ist Ihre Reiseführung nicht klar und zuverlässig, verlässt der Kunde Ihren Gesprächsweg und kehrt Ihnen den Rücken zu. Das kann er zu jeder Zeit des gesamten Verkaufsprozesses ohne Weiteres tun und sehr oft passiert genau das – häufig, ohne dass der Anbieter es überhaupt bemerkt oder richtig zuordnen kann.

Deshalb handeln Sie klug, wenn Sie im gesamten Kundendialog den **Fragenanteil hochhalten**. Je besser Sie als Reiseführer einschätzen können, was sich Ihre Kunden wünschen, desto mehr Freude werden Sie und alle Beteiligten an der Tour haben. Mehr dazu im anliegenden Dokument (4) „Fragen steuern das Gespräch" (Seite 141).

Wahrscheinlich haben Sie schon einmal den Begriff der Kundenreise gehört oder auch **Customer Journey**. Die gibt es im kleinen Format, denn jedes Gespräch ist eine Kundengewinnungsdialog en miniatur, und im großen Format. Darauf gehen wir am Ende unserer heutigen Lesereise noch gesondert ein.

11.2.3 Wen nehmen Sie mit auf Tour?

Für eine gelingende Reise ist nicht zuletzt die Zusammensetzung der Reisegruppe von entscheidender Bedeutung. Wählen Sie Ihre Reisegefährten also sorgfältig aus! Nicht jeder entspricht vermutlich Ihren Vorstellungen und je handverlesener Sie Ihre Gruppe zusammenstellen, desto mehr Freude werden Sie miteinander haben.

Kundengewinnung wie ich sie verstehe und wie sie Spaß macht (o.k., Spaß machen *kann* ☺), ist zu vergleichen mit einer **Initiativbewerbung**: *Sie* entscheiden, wer Ihre Wunschkunden sind, *Sie* wählen sie aus der schieren Masse der Firmen, Organisationen und Institutionen aus, die der deutschsprachige Wirtschaftsraum zu bieten hat, und klopfen nur dort an, wo es für *Sie* attraktiv ist.

Für Ihre erste Akquise-Abenteuer-Tour suchen Sie sich bitte **20 Begleiter** aus, nicht weniger und nicht mehr. Sammeln Sie möglichst viele Vorabinformationen über sie im Netz und prüfen Sie, wer als Kunde für Sie attraktiv ist und was Sie mit ihm zu tun haben. Vertrauen Sie dabei unbedingt Ihrem Bauchgefühl, und wenn Sie merken, dass ein Unternehmen Sie nicht wenigstens ein bisschen inspiriert, gibt es auch keinen Anlass, dort jemanden anzusprechen. Das sorgt von vornherein dafür, dass Sie sich nicht als Bittsteller fühlen, sondern Ihrem Kunden auf Augenhöhe begegnen. Je tragfähiger Ihre Legitimation, desto sicherer und wohler fühlen Sie sich bei der ersten Ansprache. Das Dokument (5) „Zehn zentrale Fragen zur Vorbereitung" (Seite 142) hilft Ihnen dabei zusätzlich.

So gut vorbereitet sollte die gefühlte Hürde bei der ersten Begegnung mit Ihrem noch unbekannten Kunden spürbar gesunken sein. Was gilt es jetzt alles zu beachten, damit **der erste Kontakt ein voller Erfolg** wird?

11.2.4 Laden Sie Ihre Reisegefährten ein! Der erste Kontakt

Nun ist es so weit: Sie haben sich bestens vorbereitet, jetzt heißt es: Gehen Sie in den ersten realen Kontakt und gewinnen Sie Ihre ausgewählten Reisegefährten dazu, den Weg mit Ihnen zu gehen.

Einerlei, wo und wie diese erste Berührung mit Ihrem zukünftigen Kunden stattfindet, sie sollte kurz und prägnant sein, einladend im besten Sinne des Wortes und Ihrem Kunden wunderbare Bilder von exotischen Destinationen in den Kopf zaubern, die Sie für ihn ausgesucht haben. Ein Beispiel für Ihre knackige Reisewerbung finden Sie im Anhang (6) unter: „Ihr knackiger Steckbrief in drei Sätzen" (Seite 143 ff.). Weitere Ideen dazu, wie Sie mittels Ihrer Legitimationen in ein Gespräch einsteigen können, finden Sie im beigefügten Dokument (7) „Zehn bewährte Eisbrecher am Telefon" (Seite 146 f.).

11.2.5 Nehmen Sie Fahrt auf

Betrachten Sie den ersten Kontakt mit Ihrem Reisegefährten Herr oder Frau Neukunde bitte als **Auftakt** für eine vermutlich längere Tour durch die verschiedenen Phasen der Kaufbereitschaft. Das gilt sowohl für das einzelne Gespräch, Sie können es aber auch auf den gesamten Kommunikationsprozess umlegen. Dass ein Kunde genau dann den Bedarf hat, den Ihre Leistung exakt deckt, ist in der aktiven Kundengewinnung eine seltene Ausnahme. Wenngleich es durchaus vorkommen kann, dass Sie just zum richtigen Zeitpunkt auf Ihren Kunden treffen. Dann genießen Sie es und bedanken sich bei einem gütigen Akquisegott ☺).

Ist das Eis erst einmal gebrochen, wird es Ihnen als „Kommunikationskünstler" vermutlich nicht schwerfallen, den Dialog mit Ihrem Kunden am Laufen zu halten. Wenn Ihr Gespräch nun in Fahrt kommt, denken Sie daran, dass ein gutes Akquisegespräch große Ähnlichkeit mit einem Coachinggespräch hat. Lassen Sie sich also am besten intuitiv von Ihrer Praxiserfahrung leiten, die wird Sie sicher durch die typischen Höhen und Tiefen führen, die Sie aus Beratungen und Coachingsitzungen kennen. Eine Vergleichsmatrix zwischen einem typischen Entscheidungscoaching und einem Akquisegespräch finden Sie natürlich auch im Anhang (8) (Seite 148).

11.2.6 Freiraum bitte!

Bei aller sorgfältiger Vorbereitung: Werden Sie nicht zum Kontrollfreak! Eine gute Reiseplanung lässt auch mal Luft für spontane Begebenheiten und Begegnungen, kleine Abstecher und Extratouren, wenn es irgendwo besonders spannend zu sein scheint. Lassen Sie sich Zeit zum Innehalten und die Entscheidungsfreiheit, einen Zwischenstopp einzulegen oder auszulassen, wenn die Dinge sich anders entwickeln.

Nicht anders verhält es sich mit Ihrem Kundendialog: Lassen Sie Ihren Gesprächspartner entscheiden, in welchem Tempo er mit Ihnen wohin möchte. Im Dialog mit Ihnen darf er Abkürzungen ebenso nehmen wie einen Umweg, wenn es ihm opportun erscheint. Vergessen Sie nicht, er ist der zukünftige Kunde. Hier kommt Ihnen Ihre gute Vorbereitung zugute, denn so können Sie flexibel, lässig und souverän agieren.

Als Veranstalter und Führer bleibt jedoch die letzte Verantwortung für eine sichere und rechtzeitige Zielerreichung bei Ihnen und Sie haben vitales Interesse daran, Ihren Gast gesund und glücklich am Ausgangspunkt abzuliefern. Ihr Ziel ist die Zusammenarbeit mit dem Kunden. Verlieren Sie Ihr Reiseziel also nicht aus den Augen und sorgen Sie stets dafür, dass Ihre Route sicher verläuft. Dazu finden Sie im Anhang das Modell der „guten Gesprächsvenus" (9) (Seite 149). Es zeigt Ihnen, wie ein gutes Akquisegespräch aufgebaut ist, und hilft Ihnen, in toto im Korridor zu bleiben, auch wenn der Kunde innerhalb dessen Haken schlägt.

Erklärtes Ziel ist, dass Sie im Dialog locker und beim Kunden bleiben. Vielleicht fällt Ihnen das anfangs etwas schwerer, weil Akquise für Sie ungewohnt ist. Aber verlassen Sie sich darauf: Je besser Sie sich auf Ihre beraterischen und coachenden Qualitäten besinnen, desto schneller bekommen Sie ein Gefühl dafür, wie Ihre ganz persönliche **Gesprächsmechanik** am besten funktioniert. Wenn Sie noch eine kleine Inspiration für den ganzen Dialog suchen, nehmen Sie gern eine kleine Anleihe im Dokument „Typische Phrasen für alle Phasen im Akquisegespräch" (Seite 150 f.) im Anhang (10).

11.3 ... und alles endet wieder bei Ihnen: Die Customer Journey oder Ihre „Grand Tour"

11.3.1 „Sie haben Ihr Ziel erreicht"

Gratulation, Sie haben das Abenteuer beinahe erfolgreich bestanden. Bis hierhin haben Sie es geschafft, sich und Ihren Kunden glücklich zu machen. Der erste Kontakt ist geknüpft, es sieht gar nicht schlecht aus und Sie dürfen sich auf die Schulter klopfen. Mehr ging im ersten Anlauf nicht. Nun heißt es geduldig warten, bis dieser eine ominöse Zustand eintritt, auf den hin wir alles zuspitzen: **der Bedarf.**

Ohne ihn geht nichts und wann er wo und wie in welcher Intensität entsteht ... ja, dafür hätten wir alle gerne eine Kristallkugel. Aber es ist leider eine Krux, auch bei unserer Reisegruppe können wir jetzt unmöglich vorhersehen, wann jeden Einzelnen wieder das Reisefieber packt – und ob er ihm dann nachgibt.

Also habe ich persönlich meinen Frieden damit gemacht und gehe anders an die Sache ran, mir den Sport zum Vorbild nehmend: „Nach dem Spiel ist vor dem Spiel", hat Sepp Herberger einmal gesagt. Und bis dahin gilt es, den Vertriebsmuskel zu trainieren. Damit kommen wir zum „großen Bruder" des bewusst gesteuerten Erstkontakts, der Customer Journey im eigentlichen Sinn.

11.3.2 Die Customer Journey

Als Reiseführer steuern und gestalten Sie nicht nur – wie eben beschrieben – den Beginn einer neuen Kundenbeziehung, sondern den gesamten darauf folgenden (Ver-)Kaufsprozess, wie er zwischen Ihnen und Ihrem Kunden abläuft.

In Zeiten des Onlinehandels ist eine solche Customer Journey häufig der Weg des Kunden zum Händler oder Anbieter, zumindest gilt das für die B2C-Welt, also den Einzelhandel und die Geschäfte an Endkunden. Aber gerade in unserem „People Business" bleibt das letzte Wegstück oft das von Ihnen zum Kunden. Ich nenne das gerne die „letzte Meile zum Kunden", die fatalerweise oft nicht gegangen wird.

Typisches Beispiel: Ein Berater (wahlweise Trainer, Coach) hat eine Unmenge an wirklich sehenswertem Marketingmaterial … im Kellerregal. Oder er knüpft hervorragende Kontakte auf Messen … und lässt sie dann links liegen. Das ist nicht nur schade, sondern auch betriebswirtschaftlich unklug, und ich plädiere dafür, gewonnene Erstkontakte konsequent „zu Ende zu bespielen".

Am Ende ist einerlei, wer zu wem reist: Hauptsache, Sie haben einen langen Atem und einen Plan. Holen Sie schon beim Erstkontakt tief Luft und überlegen Sie, wie Sie diese „Inkubationsphase" aktiv steuern. Was Sie Ihrem Kunden zu jedem Zeitpunkt Ihrer Beziehung bieten, was er wann wie mit Ihnen erleben darf, bis der ominöse Bedarf entsteht, das gestalten nämlich zu einem nennenswerten Anteil Sie als Anbieter.

Die wichtigste Aufgabe dabei ist, dass Sie und Ihr zukünftiger Kunde sich aneinander gewöhnen und ausloten, ob Sie miteinander wollen und können. Das Ziel heißt: Bis zum Bedarfsfall haben Sie sich so gut und merk-würdig in Szene gesetzt, dass dem Kunden Ihr Name als Erstes einfällt. Das Stichwort lautet: **Vertrauen aufbauen!**

Viele Trainer, Berater oder Coaches folgen dabei dem branchenbekannten Spruch **to walk the talk**. Zeigen Sie Ihrem Kunden, dass Sie in der Lage sind, klar und „geradeaus" mit ihm zu reden, und geben Sie ihm jederzeit das Gefühl, dass er sich mit Ihnen als Reiseleiter wohl- und sicher fühlen kann. Also Zugewandtheit, Zuverlässigkeit, hier und da eine gute Inspiration, die Ihren Kunden in seiner Praxis weiterbringt, und manchmal auch der gute Onkel (oder die Tante), an dessen / deren starker Schulter man sich ausweinen kann. Das kommt vermutlich Ihrem natürlichen Stärkenprofil ohnehin sehr entgegen und Sie müssen sich nicht verbiegen. Wenn Sie sich einen praktischen Eindruck von der Vielfalt der Möglichkeiten einer solchen geführten Kundenreise anschauen wollen, rufen Sie sich einfach mal im Netz die Bilder dazu auf. Das ist ein Fundus! Wie die ganz persönliche Reisegestaltung für *Ihre* Kunden aussieht, ist die spannende Frage. Dazu kann ich Ihnen eigentlich nur einen Tipp geben:

11.4 Zu guter Letzt: Just be yourself!

Erinnern Sie sich, dass ich Ihnen eingangs versprach, dass Sie sich nicht verbiegen müssen, wenn Kaltakquise nun einmal nicht das Instrument ist, mit dem Sie Ihre Kunden gewinnen wollen? Das löse ich nun ein. Niemand kann Ihnen vorschreiben, Kaltakquise zu machen. Schließlich sind Sie genau dafür Unternehmer/in geworden, damit Sie die Dinge so machen können, wie Sie es wollen.

Was liegt Ihnen am meisten? Sind Sie ein begnadeter Geschichtenerzähler? Können Sie spontan auf Menschen zugehen und Sie begeistern? Dann sind ganz analoge Begegnungen im richtigen Leben für Sie das Mittel der Wahl: Messen, Tagungen, Netzwerktreffen, Vernissagen … Alles Ihre Spielwiese.

Sind Sie dagegen eher der tiefgründige Denker, der die Stillarbeit schätzt, ist vermutlich das Schriftliche Ihre bevorzugte Ausdrucksweise. Selten lassen sich analoge und digitale Welten so harmonisch miteinander verknüpfen wie im Text. Damit eröffnen Sie sich ein fast grenzenloses Universum für Ihren Auftritt und den Nachweis Ihrer Expertise. Einerlei, auf welchen Wegen Sie den Kontakt mit der Welt da draußen aufnehmen: Tun Sie es immer mit dem größtmöglichen Vergnügen, damit Sie à la longue Ihre Energielevel mit Leichtigkeit halten.

And now: Go!

Ich hoffe, dieser Beitrag konnte Ihnen helfen, alte und weitgehend falsche Bilder von Kaltakquise über Bord zu werfen und durch positive, freudvollere Perspektiven zu ersetzen. Am schönsten wäre für mich, wenn Sie genügend Mut geschöpft oder gar Lust bekommen hätten, sich mit frischem Elan an das „heikle" Thema Kundengewinnung heranzuwagen.

Dann gilt jetzt: Genug rumphilosophiert, aus Strat-egie darf jetzt **Start**-egie werden. Oder anders formuliert: Auf zur letzten Meile zum Kunden! Schnappen Sie sich das DIY-Starterkit im Anhang (11) (Seite 152 f.) und legen Sie los!

Viel Erfolg wünscht Ihnen dabei

Ihre LeseReiseLeiterin

Angelika Eder

Anhang:

1. Ihr Gedankenexperiment zum Kategorischen Imperativ

Der Kategorische Imperativ stammt vom deutschen Philosophen Immanuel Kant, (1724–1804) und meint vereinfacht: „Was du nicht willst, das man dir tu, das füg auch keinem anderen zu."

Nun will so ein philosophisches Denkkonstrukt aber auch ganz praktisch mit Leben gefüllt sein. Ich schildere Ihnen dazu einfach mal mein ganz persönliches Mindset, mit dem ich mich auch in stressigen Akquisesituationen wohlfühle und das den Kriterien meines persönlichen Imperativs Genüge tut:

„Hier bin ich, lieber Kunde. Ich will dir jetzt etwas verkaufen und mir ist durchaus bewusst, dass ich dich womöglich störe. Tut mir leid, aber es geht nicht anders. Ich habe mich gründlich vorbereitet, sodass ich dir in kurzen wohlüberlegten Sätzen mein Anliegen schildern kann. Und ich bemühe mich, deine Botschaften zu verstehen. Aber: Ich verdiene den gleichen Respekt, wie ich ihn dir entgegenbringe, und lasse mich daher weder mit unfreundlichen Worten noch mit leeren Einwandhülsen abspeisen. Also gib auch du dir Mühe, mir seriöse Informationen zu liefern. Dann hast du's schnell überstanden und du wirst sehen: Es tut auch gar nicht weh, sondern es hat vielleicht sogar Spaß gemacht."

Was meinen Sie: Können, wollen Sie diese Prämisse übernehmen? Würden Sie sich damit für Ihre Kundengewinnung moralisch hinreichend gewappnet sehen? Erproben Sie ruhig im Gedankenspielen, wie Sie am besten mit Ihrem inneren Moralwächter übereinkommen! Dazu hier eine kleine „moralische Fingerübung":

Bitte versetzen Sie sich in die Situation, als Sie das letzte Mal selbst „Empfänger" (oder liegt Ihnen das Wort „Opfer" näher? ☺ eines Akquiseanrufs wurden.

Erinnern Sie sich: Was war Ihr erster Gedanke, als Sie hörten, dass es ein Akquiseanruf ist? Bitte notieren Sie:

_____

_____

_____

Wie war das Gefühl, das Sie beschlich?

———————————————————————————————————————

———————————————————————————————————————

———————————————————————————————————————

———————————————————————————————————————

(Typische Antworten hier sind: genervt, aus dem Rhythmus gebracht, unter Druck gesetzt, gehetzt ...)

Wie war Ihr Impuls, das Gespräch zu steuern?

———————————————————————————————————————

———————————————————————————————————————

———————————————————————————————————————

(Typische Antworten hier sind: weitersprechen lassen und parallel was anderes machen, gleich unterbrechen, auflegen, das Telefonat möglichst schnell zu Ende bringen etc.)

Wie würden Sie sich einen Akquiseanruf wünschen?

———————————————————————————————————————

———————————————————————————————————————

———————————————————————————————————————

(Typische Antworten hier sind: dass der Anrufer auf mich eingeht, dass er mich persönlich anspricht und meint, dass das angebotene Produkt zu mir passt, dass er mir zuhört, dass man ein vernünftiges Gespräch mit ihm führen kann, dass er ein Nein von mir akzeptiert etc.)

Bewahren Sie dieses Dokument auf und nehmen Sie es immer dann zur Hand, wenn Sie in die Akquise gehen wollen und unsicher sind. Das ist nämlich Ihr ganz persönlicher „Werte-Handlauf", der Ihnen Orientierung und Sicherheit dafür gibt, wie Sie Ihre Gespräche führen können. Respektvoll, ohne sich zu verbiegen.

2. Tipps, wo und wie Sie Ihre besten Legitimationen einsammeln

Eine schier unerschöpfliche Informationsquelle ist – Sie sind nicht überrascht – das Internet. Selbstverständlich nutzt jeder zunächst diesen schnellen und einfachen Zugang, um an relevante Informationen über seine Kunden zu kommen.

Ergänzend liefern nach wie vor die einschlägigen Printmedien eine Fülle an Wissen aus Wirtschaft und Business: Tages- und Fachpresse, Wirtschaftsdienste, manchmal sogar die Lokalpresse. Viele meiner Kunden sammeln derlei „Nuggets", um sie beizeiten mehr oder weniger konsequent in Kundenansprache zu überführen. So weit, so gut.

Ich empfehle dennoch, ein weiteres Informationsnetzwerk aufzuspannen, das scheinbar oft zu kurz kommt: **das Beziehungsnetz**. Ich halte die persönliche Beziehung für die Währung der Zukunft. Ein kluger Unternehmer sorgt daher für ein tragfähiges Netzwerk aus Partnern jedweder Couleur und pflegt es. Außerdem gilt (Sie haben es vermutlich schon öfter gehört): Auch auf Ihre Kunden können Sie **überall und jederzeit** treffen. Nutzen Sie also all diese Gelegenheiten bewusst und dokumentieren Sie sie für später.

Schritt 1: Begeben Sie sich vorzugsweise an Orte, an denen Sie sich wirklich wohlfühlen. Die können real, also offline, sein – oder es sind virtuelle Orte wie soziale Plattformen. Egal was es ist und wo es ist, Hauptsache Sie schwimmen darin wie ein Fisch im Wasser.

Im Businesskontext sind das meist Netzwerktreffen jeglicher Art, Fachtagungen, Messen und Kongresse und dergleichen. In der virtuellen Welt geht es noch bunter zu: Webinare, Webkonferenzen, Blogparaden, virtuelle Boot Camps – es gibt nichts, was es nicht gibt.

Wenn es sich für Sie gut anfühlt, können Sie Ihre Kunden sogar im privaten Kontext ansprechen. Freizeit, Hobby, Sport oder Ehrenamt können eine geeignete Quelle für eine neue Kundenbeziehung sein. Wie gesagt: Wenn Ihnen das zu nahegeht, passt diese Variante für Sie nicht.

Schritt 2: Bitte niemals ohne Visitenkarten – oder deren virtuelle Entsprechung (z. B. vcl-card) unterwegs sein. Schließlich ist das Ziel, miteinander ins Gespräch zu kommen, sich besser kennenzulernen, gute Ideen mit nach Hause zu nehmen und sich aneinander zu erinnern, zum Beispiel wenn man einen Experten braucht oder wenn es ums Empfehlen geht.

Wo auch immer Sie sich bewegen, bleiben Sie locker. Alles darf, nichts muss. Wer gut im Smalltalk ist, findet sich sowieso überall gut zurecht. Wem das freie Palavern nicht so liegt, ist in eher fachlich gefärbten Netzwerken gut aufgehoben, weil das Terrain dort einen sichereren Rahmen vorgibt. Dass Geben seliger denn nehmen ist, haben Sie im Netzwerk-Kontext sicher auch schon öfter gehört und verinnerlicht.

Schritt 3: Dokumentieren Sie Ihre Netzwerk- und Informationsarbeit und Ihre Visitenkarten (die man heute mit Apps auch automatisch einscannen kann) und versehen Sie diese mit weiteren Hinweisen:

- Auf welcher Plattform oder Veranstaltung sind Sie einander zum ersten Mal begegnet?
- Gab es einen speziellen Kontext, einen Rahmen, ein Thema des Tages oder Abends?
- Hatten Sie ein spezielles Binnen-Gesprächsthema?
- Oder sogar weitergehend: Gab es an dem Abend eine Meinungsbildung?
- Wenn ja, waren Sie beide pro oder gab es ein Kontra zwischen Ihnen?
- Quintessenz des Events: Wie war die Stimmung, wie war der Output?
- Erinnern Sie sich an bestimmte Aussagen? Haben Sie Details behalten? Notieren Sie sie!

So entsteht Schritt für Schritt ein richtig starkes Informationsnetz, mit dem Sie, wenn es engmaschig genug geworden ist, sehr gezielt auf „Kundenfang" gehen können.

3. Übung: Der kometenhafte Aufstieg Ihres Leistungsportfolios

Wenn Sie für sich den Eindruck gewinnen, dass sich am Luxuskörper Ihres Portfolios über die Jahre ganz schön viel „Bauchspeck" angesammelt hat, bekommen Sie hier vielleicht die Chance, ihn optisch loszuwerden.

Optisch deshalb, weil Sie ja vom Guten, das Sie beherrschen, nichts aufgeben sollen oder müssen. Oft hilft es dem Kunden aber beim Verständnis Ihres Angebots, wenn Sie Ihre verschiedenen „Produkte" systematisieren und in Bezug zueinander setzen. Solche Leistungssysteme können in ihrer Struktur natürlich sehr unterschiedlich ausfallen, aber ein Modell hat sich für den Anfang gut bewährt – das des Kometen.

Versuchen Sie bitte, dieses Kometenmodell als Mindmap zu nutzen und Ihre Einzelleistungen dort einzutragen, wo sie hingehören:

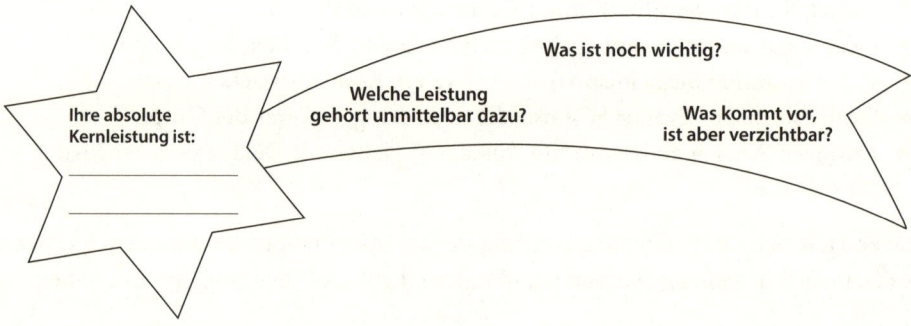

Schritt 1 – Leitfragen zur Ihrer Kernleistung: Woran erkennen Sie die Bedeutung Ihrer verschiedenen Leistungen in Abstufung von Ihrer absoluten Kernleistung bis hin zu „Nice-to-haves"? Verschiedene Parameter helfen Ihnen dabei. Je mehr davon zutreffen, desto besser.

Was machen Sie am liebsten? Was macht Ihnen die meiste Freude, den meisten Spaß, verschafft Ihnen die größte Zufriedenheit? (Ich nenne das emotionales Gehalt und halte es für unschätzbar wichtig.)

Was können Sie am besten? Worin haben Sie die längste und tiefste Erfahrung?

Was ist die Cashcow? Oder anders gesprochen: Was ist die Lieblingsleistung Ihrer Kunden aus Ihrem Portfolio? Wenn Sie so etwas finden, können Sie davon ausgehen, dass Ihre Außenwirkung dort am stärksten und / oder glaubwürdigsten ist.

Was wird am häufigsten bei Ihnen angefragt? Im Unterschied zur Cashcow spielt hier keine Rolle, ob diese Leistung dann auch entsprechend oft gekauft wird. Wenn Sie eine solche Leistung in Ihrem Portfolio ausmachen können, ist es vermutlich die,

die die stärkste Aufmerksamkeit, den stärksten Sog in Ihrem Vermarktungskanon auslöst. Das könnte bedeuten, dass es klug ist, sie ins Zentrum Ihres Leistungskanons zu stellen.

Schritt 2 – Ihre anderen Leistungen: Im zweiten Schritt sortieren Sie nun Ihre anderen Leistungen nach denselben Leitfragen Ihrer Kernleistung logisch zu und platzieren sie entweder näher am heißen und schweren Materialkern Ihres Kometen (und damit mit höherer Bedeutung) oder weiter weg (und damit als unwichtiger).

Ein Beispiel:

Ihre Kernleistung sind klassische **Kommunikationsseminare**. Dann könnten nächste logische Angebotsbausteine sein:

Kommunikations-Coaching: Vom Training zum Einzelcoaching ist es nur ein Schritt. Vielleicht hat einer der Teilnehmer besondere Schwierigkeiten? Dann ist es nur logisch, ihm ein Einzelcoaching anzubieten.

Konflikttraining: Auch hier gilt: Das Lernen und Erproben der konfliktfreien Kommunikation führt fast zwangsläufig zur Aufbaufrage, wie Kommunikation im nicht mehr so konfliktfreien Umfeld funktioniert. Damit ist Konflikttraining ein klassischer Aufbau-Baustein zur Kommunikation.

Kommunikation im Team: Auch das lässt sich als Spezialfall des Kommunikationstrainings darstellen. Das Besondere am Team ist ja, dass über einen längeren Zeitraum eine relativ homogene Gruppe von Menschen am gleichen Thema und Ziel arbeitet. Das bietet die Chance, speziell für dieses Team individuelle Kommunikationsregeln auszuarbeiten, aufzustellen und zu erproben.

Kommunikation in der Führung: Ein besonders beliebtes Thema bei PE-Anbietern, verspricht es doch einen potenziell höheren Ertrag und häufig auch die spannendsten Problemaufrisse. Die Argumentation lässt sich ähnlich aufbauen wie beim Team. Als Führungskraft zu kommunizieren erfordert spezielle Skills, die im Alltag nicht oder nur bedingt gelehrt und zum Einsatz kommen. Sie sind damit ein originäres Handlungsfeld für die Erwachsenenpädagogik.

Kommunikation in der Führung ist aber für sich selbst gesprochen schon wieder ein ganz eigener Themenkreis, der alles Recht hat, im Fokus Ihrer Leistung und damit im Kometen-Zentrum zu stehen. Schauen Sie sich die Probe aufs Exempel hier an und vielleicht fällt Ihnen auf, dass ich statt des Kometen hier eine andere Variante benutze, die Sie sicher gut kennen: die **Mindmap**. Ich will Ihnen damit zeigen, dass auch dieses Verfahren ein probates Mittel ist, Ihre Leistung in Beziehung zueinander zu setzen, damit auch mal beherzt kreativ herumzuspielen und zu prüfen, welche Konstellation unternehmerisch für Sie den größten Reiz ausübt.

Aufgabe: Sortieren Sie diese oder eigene Themen so um, dass ein anderes, ebenso sinnvolles Mindmap entsteht. Sie werden sehen: Den Möglichkeiten sind fast keine Grenzen gesetzt.

4. Fragen steuern das Gespräch

Hier eine Auswahl an Fragen, mit denen ich häufig arbeite und die ich als hilfreich empfinde:

■ Gleich zu Beginn wohl die stärkste Frage: „Was müssten wir denn tun, um mit Ihnen ins Gespräch über [hier Ihre Leistung einsetzen] zu kommen?" Sie eignet sich nicht für alle. Wenn Sie sie einsetzen, muss sie auf jeden Fall zu Ihrem Typ passen. Für die *ganz* Mutigen unter Ihnen geht auch: „..., um mit Ihnen ins *Geschäft* zu kommen?"

Aber auch viel harmlosere Fragen bringen Sie gut weiter:

■ „Kann ich Sie auf das Thema [hier Ihre Leistung einsetzen] ansprechen?" (Falls Sie nicht sicher sind, ob Sie schon den richtigen Ansprechpartner am Telefon haben.)

■ „Ich weiß zwar, dass Ihre Firma recht PE-intensiv ist, aber wie genau organisieren Sie das?"

■ „Herzlichen Dank bis hierhin, Frau XY. Jetzt hätte ich noch zwei, drei Fragen, die ich in der Vorrecherche nicht beantworten konnte. Wären Sie wohl so freundlich …?"

Wenn Sie detailtiefer nachfragen wollen, deklinieren Sie die typischen Entscheidungsmuster durch, wie Sie sie aus Ihrer Praxis kennen. Meine sind meist die aus den PE und OE-Einheiten:

1. „Gibt es bei Ihnen eine jährliche Weiterbildungsplanung oder ist diese akut bedarfsgesteuert? Oder gibt es eine Mischung?"
2. „Machen Sie nur Firmentrainings oder gibt es nur Entsendung in offene Seminare – oder beides?"
3. „Ist die Entscheidungsebene hier am Standort oder woanders (z.B. in der Zentrale in England)?"
4. „Gibt es eine ‚List of preferred suppliers'? Wie kommt man auf diese Liste?"
5. „Gibt es einen Coachingpool? Wenn ja, was muss man mitbringen, um aufgenommen zu werden?"
6. „In welchen Bereichen können Sie Ihre PE / OE mit Bordmitteln bestreiten – und wofür holen Sie sich externe Unterstützung?"
7. „Was ist Ihnen bei einem Trainer, Berater, Coach besonders wichtig? Was müsste ich mitbringen, damit ich bei Ihnen eine Chance bekomme?"
8. Können Sie sich vorstellen, ein Pilotprojekt mit mir zu machen / einen Testballon mit mir fliegen zu lassen, z.B. in Form von [hier Ihre Leistung einsetzen]?"

Eine ähnliche Kaskade möglicher Fragen gibt es sicher auch für Ihren Bereich und Sie sehen: Anlässe für Ihre Fragen gibt es mehr als genug! Wenn Sie sie gestellt haben: Lassen Sie Ihr Gegenüber reden und sprudeln. Kommentieren Sie lediglich ab und zu mit einem kurzen Verstehens-Signal – und das Wichtigste: Schreiben Sie mit! Das sind wertvolle Informationen, die Ihr Kundendossier perfekt ergänzen.

5. Zehn zentrale Fragen als Vorbereitung für das erste Gespräch mit Ihrem Kunden

Einerlei, auf welchem Weg Sie das erste Gespräch mit dem Kunden suchen, am Telefon, über soziale Plattformen oder persönlich: Ein paar Dinge sollten Sie vorbereitet haben. In aller Kürze sind das die folgenden:

- Was ver*anlasst* mich, das Gespräch mit ausgerechnet diesem Unternehmen zu suchen?
- Was ist das Hauptziel meiner Ansprache?
- Was ist das Mindeste, was ich erreichen will?
- Welche Teil-/Etappenziele will ich dem Kunden und mir auf dem Weg zum Hauptziel zugestehen?
- Welche Fragen habe ich an den Kunden? (Welche Informationen, die für mich wichtig sind, konnte ich in der Vorrecherche nicht herausfinden?)
- Wofür stehe ich? (Ihr Claim bzw. Ihre Antwort auf die Frage: Worum geht es?)
- Welche meiner Leistungen möchte ich bei diesem Kunden vor allem anbringen?
- Welche klare Verabredung möchte ich mit dem Kunden am Ende des Gesprächs treffen?
- Welche weiterführenden Informationen habe ich fertig, um sie dem Kunden unmittelbar nach einem guten Erstgespräch zur Verfügung zu stellen?
- Wie geht es nach dem guten Erstkontakt weiter? Welche weiteren möglichen Aktivitäten kann ich dem Kunden schon im Erstgespräch für später in Aussicht stellen? Damit ist Ihre gesamte Vermarktungsmaschinerie angesprochen: Was unternehmen Sie alles, um das Vertrauen des Kunden Zug um Zug zu gewinnen (vgl. auch Customer Journey, S. 131 f.)?

Vorausschauend kommunizieren ...

Kurzum: Nutzen Sie alles, was Sie haben, solange es gut in Ihr Kundengespräch passt. Aber verschießen Sie auch nicht alles Pulver auf einmal, sondern dosieren Sie die Pfunde, mit denen Sie wuchern, klug. Schließlich gilt es, mit Ihrem gesamten Vermarktungskosmos den (oft ziemlich langen) Zeitraum vom Erstkontakt bis zum entstehenden Bedarf beim Kunden zu überbrücken.

Diese Phase nennt man in der Marketingsprache Customer Journey, ich nenne sie gerne „Inkubationszeit". Diese Zeit braucht Ihr Kunde, um sich an Sie zu gewöhnen, Ihre Art schätzen zu lernen und schließlich sich im Bedarfsfall für oder auch gegen Sie zu entscheiden.

6. Ihr knackiger Steckbrief in drei Sätzen

Was ist ein Vorstellungssteckbrief? Das ist die Allzweckwaffe für all jene Situationen, in der schnelle, kurze und prägnante Informationen gefragt sind. Am häufigsten kommt das am Telefon vor, aber auch in Speeddating-Runden und anderen Small-talk-Situationen wird Ihnen dieser Steckbrief stets ein guter Begleiter sein.

Einsatzbeispiele:

- Der Gesprächspartner hat es eilig, weil er in zwei Minuten ins Meeting muss.
- Der Gesprächspartner ist einfach ein schneller, dynamischer Mensch und kann Infos „quick and dirty" am besten verarbeiten.
- Der Geschäftsführer hat eine wunderbar funktionierende Abwimmelstrategie am Telefon, indem er streng und schmallippig fragt: „Was kann ich für Sie tun?" (Bei den humorvolleren Vertretern heißt die augenzwinkernde Frage: „Und was kann ich gegen *Sie* tun?")

Dann gilt: Ruhe bewahren und Allzweckwaffe gezückt! Ich empfehle das folgende einfache „Kochrezept":

Erstens: Definieren Sie drei Stichworte:
- Ihren Kerninhalt – was tun Sie? Beratung, Training, Heizungsinstallation etc.
- Wo sind Sie aktiv? Eine (1!) Region, eine Branche, ein Themenfeld.
- Eine knackige Besonderheit: Was soll sich Ihr Gesprächspartner unter allen Umständen merken?

Bitte beachten Sie: Sie haben für jeden Punkt **nur ein einziges Wort**, meist ein Hauptwort.

Zweitens: Machen Sie Ihre Stichworte markant durch zuspitzende Eigenschaften.
Ihre drei Buzz-Words dürfen Sie jetzt noch sinnvoll verbinden, sodass eine Botschaft daraus entsteht, die man beim Zuhören gut verarbeiten kann. Dazu eignen sich Eigenschaftswörter, Merkmalsbeschreibungen ziemlich gut. Zum Beispiel:
- international
- systemisch
- jung (im Sinne von modern oder auch: kürzlich gegründet), im Gegensatz zu alt-eingesessen

Zusammengesetzt könnte daraus Folgendes entstehen:

„Wir sind ein junges Trainerteam (Kernbotschaft: Wir sind Trainer, wir sind mehrere und nicht verschnarcht) im Münchner Raum (somit für Süddeutschland „zuständig", dort am liebsten aktiv), das sich auf Executive Leadership spezialisiert hat (und für Führungsthemen auf hoher Ebene steht)."

So kann das schon funktionieren, und wer es besonders eilig hat und / oder schnell auf den Punkt kommen will, dem reichen diese nüchternen, „nackten" Informationen vollauf. Wer es etwas blumiger mag, darf noch ein wenig Informationsfutter hinzufügen, aber bitte nicht zu viel!

Beispiel:

„Wir sind ein Schweizer Beratungshaus zum Thema Joint Ventures für europäische Schlüsselindustrien und agieren global mit einem Schwerpunkt in Latein- und Südamerika."

Wichtig dabei sind die Buzz-Words, bei denen es zu bedenken gilt, welche Konnotationen im Gespräch möglicherweise oder vermutlich mitschwingen. In unserem Beispiel sind das die Folgenden:
1. Schweiz → Präzision
2. Joint Ventures → große, internationale „Denke"
3. eventuell ist auch das Wort „Schlüsselindustrien" ein solches Buzz-Word. Wenn Sie es verstärken wollen, hängen Sie einfach noch „wie Ihre" an.

Meiner Erfahrung nach kommt es bei den meisten Gesprächspartnern äußerst gut an, wenn man:
a. so gut vorbereitet ist und sich
b. mit solchen „Allzweckwaffen" durch Eile und Hektik nicht ins Bockshorn jagen lässt, sondern cool bleibt.

Drittens: ... und „garnieren" Sie sie mit Verben

Und da zu guter Letzt das Verb das Königswort ist, dürfen in einem letzten Schritt Ihre Buzz-Words laufen lernen:

„Wir sind ein traditionsreiches Hamburger Handelshaus, das sich um weitere internationale Beziehungen im Bereich XY *bemüht*. Dabei *kümmern* wir uns besonders um [eine weitere Spezialisierung]."

Wohlgemerkt: Es geht hier nicht um eine breite Darstellung Ihrer ganzen Kompetenz, sondern *nur* um die Quintessenz Ihres Tuns. Dafür, dass Sie imstande sind, *nur* diese Quintessenz zu liefern, sind Ihnen viele Gesprächspartner unendlich dankbar.

Noch ein Profitipp: Wenn ich diesen „Quickshot" loslasse, entsteht beim Gesprächspartner (am anderen Ende der Leitung) oft eine Pause. Warum? Es ist schlichtweg das ungläubige Staunen, dass das jetzt wirklich so schnell gegangen ist (ist ja eher die Ausnahme denn die Regel!). Tappen Sie an dieser Stelle nicht in die Falle, weiterzusprechen, sondern unterstreichen Sie diesen „Vorstellungs-Geniestreich" entweder mit einer wirkungsvollen Pause oder mit einer lapidaren Bemerkung wie: „Werbeblock Ende". Das wirkt!

Kreieren Sie nun Ihren persönlichen Steckbrief:

1. Ihre drei wichtigsten Hauptwörter

_____

_____

_____

_____

2. Mit welchen Merkmalen / Eigenschaften beschreiben Sie Ihre Hauptwörter noch genauer?

_____

_____

_____

_____

3. Runden Sie Ihre Begriffe mit passenden Verben zu einem Satz (zu maximal drei Sätzen) ab:

_____

_____

_____

_____

7. Zehn bewährte Eisbrecher am Telefon: Die ersten Sätze gut überstehen

Für die meisten Anbieter entsteht die größte Hürde in der Kundengewinnung zu Beginn eines Gesprächs. Wie Sie schon gelesen haben, liegt das Geheimnis in der bestmöglichen Legitimation, die man sich als Anbieter verschafft, um den Mut für den Anfang zu haben.

Die kreativsten Beispiele aus meiner langjährigen Telefonakquise-Laufbahn habe ich hier für Sie zusammengestellt. Lassen Sie sich inspirieren!

Guten Tag, Herr / Frau Kunde.

1. Ich bin Coach in Ihrer unmittelbaren Nachbarschaft und dachte, das wäre vielleicht eine gute Voraussetzung für eine Zusammenarbeit. Vorausgesetzt, Sie sind für das Thema Executive Coaching offen. Es gibt ja manchmal schnell heikle Situationen, die zügige Abhilfe verlangen. In einem solchen Fall könnte ich zeitnah bei Ihnen sein.

2. Ich habe in der XY-Zeitschrift das Interview mit Ihnen gelesen. Sehr interessant! Besonders der Aspekt ABC hat mich getriggert und ich habe dazu eine spontane Idee. Darf ich sie Ihnen kurz vorstellen?

3. Ich fahre nun schon seit zwei Jahren jede Woche an Ihrem Unternehmen vorbei. Aber erst gestern habe ich mich gefragt, warum ich noch nie gehalten habe, um einen Termin zu machen. Wenn Sie erlauben, mache ich das heute mit Ihnen am Telefon.

4. Soweit wir sehen, gehören Sie nun schon seit zwei Jahren zu den Lesern unseres Newsletters. Jetzt wollten wir uns bei Ihnen mal ein persönliches Feedback einholen: Lesen Sie unsere Publikation überhaupt und wenn ja, wie regelmäßig? Können Sie etwas damit anfangen? … Und bei der Gelegenheit: Können wir uns als Trainingsanbieter gerade irgendwie für Sie nützlich machen?

5. Ich bin nun schon seit 15 Jahren als Trainer hauptsächlich in Ihrer XY-Branche unterwegs. Kürzlich sprach einer meiner Kollegen von Ihnen und plötzlich fragte ich mich: „Wie kann es eigentlich sein, dass ich bei Ihnen bislang noch nie tätig geworden bin?" Ich für meinen Teil würde das jedenfalls gern ändern und mit Ihrem Einverständnis mache ich jetzt am Telefon dafür den ersten Aufschlag.

6. Ich bin zufriedener Kunde Ihres XY-Produkts. Nun will ich den Spieß mal umdrehen und Sie als Kunde gewinnen. Ich mache ABC und würde mich freuen, wenn Sie Interesse an einer Zusammenarbeit hätten.

7. Ich war wie Sie bei der XY-Veranstaltung (Messe, Vortrag, Konferenz, Fachtagung) und Sie standen ganz oben auf der Liste meiner Wunschgesprächspartner. Aber ich habe es einfach nicht geschafft – entweder waren Sie gerade im Gespräch oder ich. Das möchte ich heute telefonisch nachholen.

8. In der XY-Zeitschrift habe ich gelesen, dass Sie einen umfangreichen Beraterpool vorhalten. Meines Wissens bin ich da nicht vertreten, hätte daran aber großes Interesse, wie Sie sich sicher gut vorstellen können. Daher frage ich mal ganz direkt: Habe ich irgendeine Chance, in diesen Pool aufgenommen zu werden, und wenn ja, was kann und muss ich dafür tun?

9. Ich verfolge Ihre PE/OE-Aktivitäten nun schon seit mehreren Jahren und bin immer wieder beeindruckt, wie innovativ Sie auf diesem Gebiet offenbar agieren. Toll, denkt man sich da als Trainer natürlich, mit so einem HR-Pionier möchte ich auch gern mal ein Projekt machen. Also habe ich mir etwas überlegt und dabei ist mir eine Idee gekommen. Darf ich Ihnen die kurz skizzieren?

10. In Ihrem XING-Profil habe ich gelesen, dass Sie sich für XY interessieren. Da haben wir etwas gemeinsam! Da meine Erfahrung ist, dass die XY-Fans auch ansonsten gut miteinander zurechtkommen, wollte ich Ihnen heute einfach auf gut Glück eine Zusammenarbeit im Bereich Z antragen.

8. Vergleichsmatrix Entscheidungscoaching ⟷ Kaltakquisegespräch

Prozessbeschreibung:	Entscheidungscoaching	Kaltakquisegespräch
Anlass für den Dialog	Ist bereits geklärt, wenn es zum Coaching kommt.	Was veranlasst mich, Sie heute anzusprechen?
Legitimation	Ist geklärt / ist nicht erforderlich	Warum *Ihr* Unternehmen
Orientierungsphase		Orientierungsphase
▪ Sich vorstellen	Wer ist der Coach / der Coachee?	Wer bin ich, warum rufe ich an?
▪ Ziel formulieren	Was will der Coachee erreichen?	Was wollen Sie erreichen?
▪ Erlaubnis einholen	Kann das Coaching starten?	Können wir sprechen?
Situationsbeschreibung: ▪ zuhören ▪ Fragen stellen ▪ Verständnis signalisieren	Coachee berichtet	Sie als Anbieter einer Coachingleistung berichten
Gemeinsam Lösungsansätze entwickeln: ▪ SWAT-Analyse / Abwägen ▪ Entscheidung anbahnen	Coachee „kommen lassen": ▪ Was wäre, wenn …? ▪ Was wäre „best Practice"?	Kunden zu eigenen Ideen verhelfen, z. B. durch: ▪ Vorschläge machen ▪ Erfahrungsberichte schildern
Abschlussphase	Wer macht was bis wann? Feedback einholen Verabschiedung	Wer macht was bis wann? Um Spontanmeinung ersuchen Verabschiedung

Unterschiede grau unterlegt

9. Die „gute Gesprächsvenus"

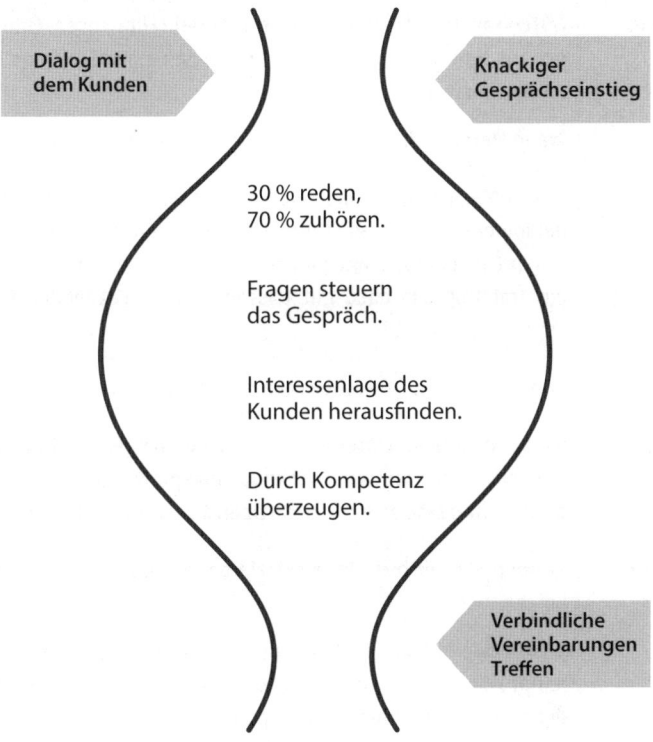

Dialog mit
dem Kunden

Knackiger
Gesprächseinstieg

30 % reden,
70 % zuhören.

Fragen steuern
das Gespräch.

Interessenlage des
Kunden herausfinden.

Durch Kompetenz
überzeugen.

Verbindliche
Vereinbarungen
Treffen

Ihre Notizen:

_____

_____

_____

_____

_____

_____

_____

10. Typische Phrasen für alle Phasen im Akquisegespräch

Phase	Formulierungsvorschlag
Gesprächseinstieg: ■ Begrüßung ■ Vorstellung	Guten Tag, Herr / Frau XY, hier spricht Hein Hinrichsen, Führungstrainer aus Hamburg. Ich würde gerne wegen eines Seminars für Young Professionals Herrn Z sprechen. Wenn Herr Z. selbst am Apparat ist:: Guten Tag, Herr Z, …
Legitimation	… ich habe in der Zeitung gelesen, dass Sie zur Nachwuchsförderung gerade eine sehr interessante Kooperation mit der hiesigen technischen Universität eingegangen sind. Ich habe in meinem Portfolio ein Training, das dazu gut passen könnte: Leadership-Fitness for Young Professionals.
Gesprächserlaubnis	Könnte das eine sinnvolle Ergänzung zu Ihrem Uni-Projekt sein?
Zielvereinbarung:	Ich beobachte Ihr Unternehmen ja schon länger und hier ergibt sich nun ein erster logischer Anknüpfungspunkt. Jedenfalls hätte ich großes Interesse an einer derartigen Zusammenarbeit mit Ihnen.
Aktuelle Situation?	Würden Sie mir bitte kurz skizzieren, wie da die aktuelle Situation bei Ihnen ist? Meine zweite Frage – unabhängig davon – wäre: Arbeiten Sie überhaupt mit externen Partnern zusammen? Wenn ja, was müsste ich denn tun, um in Ihren Anbieterpool aufgenommen zu werden?
Fragen und Antworten	Freier Dialog
Neue Lösungsansätze erwünscht?	Noch ein paar Infos zu dem angebotenen Training: Ich habe es ursprünglich für Firma XY entwickelt, und zwar gleich in Deutsch und Englisch. Der Clou ist, dass wir von Anfang an Lernteams bilden, die sich nach dem Training in kollegialer Beratung gegenseitig pushen. Die Idee habe ich aus dem Fußball und wenn Sie mögen, schicke ich Ihnen dazu mal ein PDF.
Diskurs und Entscheidung	Könnten Sie sich so etwas für Ihre Nachwuchsmannschaft vorstellen? Oder braucht es gerade etwas anderes? Eher etwas für die Führungsprofis? (Freier Dialog)

Phase	Formulierungsvorschlag
Klare Vereinbarungen treffen	In Ordnung, Herr Z. Ich mache Ihnen noch heute eine Mail mit dem Seminar-PDF fertig. Dann können Sie sich in Ruhe ein Bild von der Grundidee machen und wie es für Sie sein müsste, damit es genau passt.
Feedback	Brauchen Sie von mir im Moment noch irgendetwas? Nein? Gut. Ich hoffe, das Gespräch war interessant für Sie; bzw.: Sind Sie zufrieden mit unserem Gespräch? Ihr Feedback ist mir da wichtig – schließlich würde ich Sie ja gern als Kunde gewinnen!
Gesprächsabschluss und Verabschiedung	Herzlichen Dank für Ihr Ohr, Herr Z. Schön, dass es mit Ihrer Kooperation so gut anläuft, und dafür weiterhin viel Erfolg. Wie gesagt: Ich würde mich freuen, wenn ich mein Scherflein dazu beitragen könnte. Ich rufe Ende kommender Woche noch mal bei Ihnen an und bin schon gespannt, wie Ihre erste Einschätzung zu einer Zusammenarbeit aussieht. Einen schönen Tag noch, tschüs!

11. Ihr DIY-Kit für einen professionellen Start in die Kaltakquise

Es braucht nicht viel, aber das Wenige sollte von erster Güte sein. Mit diesen Zutaten organisieren Sie sich eine gelungene Landung beim mutigen Sprung ins Kaltakquise-Gewässer. Dieses KIT haben wir in mehreren Hundert Telefonprojekten erprobt und immer weiter verfeinert.

Zutat 1: 20 „handverlesene" Datensätze

Was heißt das? Um für das erste Gespräch mit Ihrem neuen Kunden gut legitimiert zu sein (s. u.), haben Sie 20 Firmen oder Organisationen zu Ihren absoluten Wunschkunden erkoren und alle Ihnen zugänglichen Informationen über sie gesammelt: Angaben zur Unternehmensgröße, Ansprechpartner, Kontaktdaten etc.

Legen Sie zu jedem Kunden ein Dossier an, idealerweise in einem CRM-System (Customer Relationship Management), in dem Sie zukünftig alle relevanten Informationen speichern. Für den Anfang reicht vielleicht eine Excel-Tabelle, als Kalkulationsprogramm kommt diese Lösung allerdings schnell an ihre Grenzen.

Warum gerade 20? Es hat sich gezeigt, dass 20 Datensätze die genau passende Menge sind, um herauszufinden, ob man die richtigen Kunden auf die richtige Art und Weise anspricht. Zehn sind zu wenig, 50 eher zu viel. 20 ist eine handhabbare Größe, zeitlich schaffbar und übersichtlich.

Außerdem kann es sein, dass Sie die Erstansprache anfangs ganz schön fordert. Geben Sie sich daher ausreichend Raum und Zeit. Es ist völlig in Ordnung, wenn Sie der Akquise zunächst nur 15 Minuten täglich widmen. Vielleicht ist es nur ein Anruf, vielleicht sind es zwei oder drei. Wenn mehr geht, nur zu. Wenn nicht: Seien Sie geduldig mit sich. Mit wachsender Routine wird es Ihnen zunehmend leichter fallen und Sie dürfen sich schrittweise steigern. Einen interessanten Artikel dazu finden Sie hier auf unserem Blog: ↗ http://www.trainerlotse.de/ein-jahr-telefonakquise-von-fehlern-learnings-und-einer-wunderbaren-ueberraschung/

Zutat 2: Ihre Darstellung des Anbieters in drei Sätzen

Das ähnelt sehr dem Elevator Pitch oder USP und ist deshalb auf diese Weise gefragt, weil das Telefon als Kommunikationsinstrument zu Kürze und Prägnanz zwingt. So behält der Zuhörende am anderen Ende die Aufmerksamkeit. Ein einfaches „Kochrezept" dafür finden Sie in Anhang 6 (Steckbrief in drei Sätzen).

Zutat 3: Und das Allerwichtigste – ein guter Anlass!

Warum wollen Sie gerade dieses Unternehmen anrufen? Was haben Sie mit diesem Unternehmen zu tun, warum ist es als Wunschkunde für Sie attraktiv? Das haben Sie selbstverständlich im Vorwege ausgiebig geprüft, und zwar nach den Fragen, die in Anhang 5 (Zehn zentrale Fragen zur Vorbereitung) gesondert behandelt werden.

Und nun: Frisch drauflos und gutes Gelingen!

12. | Und nun? Viel Freude bei der Umsetzung ...

Wenn Sie bis hierhin quer- oder durchgelesen haben, dann ist es Ihnen wohl ernst mit der eigenen Professionalisierung. Und ich wette, mindestens ein Thema hat Sie so „angepiekst", dass Sie kaum erwarten können, loszulegen. – Oder haben Sie gar schon angefangen? Gut so, denn dann hätten wir unsere Mission erfüllt.

Leider haben Sie durch das Buch zwar jede Menge Input, aber nicht – wie meine Best-Practice-Gruppen – die fantastische Möglichkeit, mit den Kollegen zu wachsen, sich auszutauschen und gegenseitig mit Ideen zu versorgen. Aber dennoch möchte ich Sie genau dazu ermuntern. Viele Freiberufler sind – und das nicht immer freiwillig – einsame Wölfe. Suchen Sie sich das Rudel, das mit Ihnen die Decke sprengt!

Vielleicht haben Sie schon die Kraft eines Erfolgsteams für sich entdeckt oder sind Mitglied einer Mastermind-Gruppe. Ansonsten leihen Sie Ihrer besten Coach-Kollegin, dem Co-Trainer oder Ihrem Supervisor dieses Buch aus – oder noch besser: Verschenken Sie es ☺). Auch wenn jeder andere Ziele für sich setzt, Sie können sich gegenseitig unterstützen. Wenn Ihnen die Puste ausgeht, hat der Kollege garantiert mal Luft für zwei. In der Regel steigt beim gemeinsamen Arbeiten die Laune und Feedback hilft aus vielen Sackgassen.

Apropos Feedback: Auch wir Autoren sind darauf angewiesen und freuen uns zu hören, was Sie für einen Nutzen aus dem Buch gezogen haben: Was hat geklappt, was nicht? Versorgen Sie uns mit Ihren Erfahrungen – das macht auch uns besser!

Und apropos Erfahrungen: Denken Sie daran, dass Sie nicht alles aus dem Buch alleine oder mit Kollegen umsetzen müssen. Nicht umsonst sind hier viele Profis vereint, die alle für einen Themenbereich stehen! Und bevor Sie mit einer Fragestellung unnötig Zeit verlieren und damit Chancen verspielen, begeben Sie sich in die Hände von Profis. Sie können (müssen aber nicht) auch die Autoren dieses Buches anfragen. Sie finden sie mit Profil, Ihrer Internetseite und „im Bild" ab Seite 157.

Und nun lassen Sie sich von mir nicht länger aufhalten, denn schließlich wissen Sie jetzt schon, welche Maßnahme der größte Hebel für Sie ist. Machen Sie es wie bei „Hau den Lukas": Nicht mit voller Wucht einfach nur drauf, sondern sauber zielen. Viel Erfolg!

Die Autorinnen und Autoren

Angelika Eder ist ein echtes „Vertriebstierchen" mit der Lieblingsdisziplin Kaltakquise. 2008 hob sie das Beratungshaus *Der Trainerlotse* aus der Taufe, das sich im Lauf vieler Hunderte von Projekten zu *der* deutschsprachigen Vertriebsschmiede für Unternehmer aus Bildung und Beratung entwickelt hat.

Foto: Beatrice Hernann, 2016

Wann immer es um die Vermarktung Ihrer Leistungen als Trainer, Berater oder Coach geht, ist ↗ http://www.trainer-lotse.de/blog eine gute Quelle der Information und Inspiration.

Im Herbst 2017 startet sie mit 13 Pionieren in ein neues Jahresprogramm, den Learn-ToEarn Entdeckertörn. Bei ↗ http://www.learn-to-earn.de und bei ↗ https://www.facebook.com/ahoi2you/ lässt sich live verfolgen, wie die 13 gestandenen Berater, Trainer und Coaches jeweils sehr unterschiedliche, für ihre Situation passende Marketing-Masterpläne entwickeln und erproben, und man kann sich das abgucken, was für einen selbst passt.

Maria Fahnemann ist systemischer Coach und Teamentwicklerin. Ihre berufliche Laufbahn aber begann sie als Beraterin in Deutschlands führenden PR-Agenturen, bevor sie als Pressesprecherin in die Industrie wechselte und von dort in die Selbstständigkeit ging. Das war vor 14 Jahren. Heute zeigt sie Coaches, Beratern und Trainern, wie sie aus ihren Angeboten und Leistungen gute Storys entwickeln, über die Journalisten gerne schreiben. In der Nähe von Köln betreibt sie ihr Redaktionsbüro und eine Coachingpraxis.

Foto: Tanja Deuß, 2016

Tanja Klein ist Coach und Heilpraktiker für Psychotherapie. Sie unterstützt Menschen in der schnellen AngstLösung (↗ http://www.kleincoaching.de). Weit über 2.500 Coaching-Stunden und begeisterte Kunden machen sie zu einem der gefragtesten Live-Coaches in Deutschland. Als Speakerin sind ihre Themen Telomere, Meditation, wingwave und Expertentipps zur Professionalisierung des Coachings.

Ihr Kinderbuch „Mama meditiert" erschien 2015 im YsiR-Verlag. Die Bücher „Coach, your Marketing" (Junfermann 2012) und „Erfolg durch Positionierung" (Junfermann 2016) hat sie mit Ruth Urban verfasst. Darüber hinaus unterstützen sie gemeinsam Coaches beim authentischen Marketing (↗ http://www.coachyourmarketing.de).

Foto: Nancy Ebert, 2015

Tanja lebt gerne in Bonn und ist sehr verliebt in ihre wunderbare Familie. Dazu gehören der „Databerata" Hawe und ihre gemeinsamen Kinder. An manchen Wochenenden erweitert sich das Familienglück noch um zwei weitere „Patchwork-Kinder", sodass es zu sechst auf den Sofa manchmal etwas eng wird ☺.

Claire Oberwinter ist Expertin für Facebook-Marketing und für einfachen und nachhaltigen Community-Aufbau. Nach einem Bachelor-Studium der Kommunikationswissenschaften an der Universität Bonn und einem Masterstudium in Social Media an der Birmingham City University arbeitete sie zunächst bei einem Automobilkonzern und betreute dort die deutschsprachigen Social-Media-Kanäle. Im Januar 2016 startete sie als Social-Media-Beraterin in die Selbstständigkeit. Heute unterstützt sie ihre Kunden in Form von Einzelberatungen, Workshops und Online-Kursen dabei, Facebook effektiv für ihr Business einzusetzen.

Foto: Tanja Deuß, 2016

Darüber hinaus reist sie gerne, macht Yoga (und auch eine Yogalehrerausbildung), liest gerne Sachbücher und näht ab und zu. Mit ihrer Familie wohnt sie am Stadtrand der wunderbaren Domstadt Köln.

Tanja Peters, Jahrgang 1973, lebt mit ihrem Mann in Köln.

Über 20 Jahre sammelte sie Erfahrungen als Einkäuferin und Einkaufsleiterin in mittelständischen Unternehmen und Großkonzernen, um mit 40 zu wissen: Ich will noch mal was ganz anderes machen!

Gesagt getan! Tanja Peters machte sich selbstständig und ist seither sehr erfolgreich tätig als Beraterin, Trainerin und Rednerin – mit dem Hang zur großen Bühne.

Foto: Herbert Schütte, 2016

Ihre Artikel, Blog-Beiträge und auch ihr erstes Buch kreisen um die Themen: Mutiges Leben und das eigene Ding machen, vor allem in der Selbstständigkeit. Sie hat den #MUTmuskel für sich entdeckt, trainiert ihren eigenen ständig und leitet damit auch ihre Kunden und Klienten an, dies zu tun, um noch freier, selbstbestimmter und glücklicher zu leben.

Ihre reichhaltige Verhandlungskompetenz verbindet sie mit Ihrem Beraterhandwerkszeug und bringt – wie keine andere in der Branche – das Thema Honorarverhandlung mit so viel Freude, Klarheit und tiefem praktischem Wissen auf den Punkt. Nach Ihren Vorträgen oder Büchern hat man einfach Lust, zu verhandeln und sich dem Thema Geld und Erfolg zu stellen.

Lassen Sie sich von Tanja Peters ermutigen, genau das zu verdienen, was Ihre Leistung wert ist. Mit dem entsprechenden Handwerkszeug und einem gut trainierten #MUTmuskel klappt es einfacher, als Sie denken!

Sonja Schiller (Jahrgang 1976) ist Google-zertifiziert, neuro-begeistert und ein eher untypischer Onliner. Seit 2016 ist sie international ausgebildete Neuromarketing Managerin. Freiberuflich berät und schult sie seit über acht Jahren Websitebetreiber. Bevorzugt zeigt sie KMUs Möglichkeiten, auch mit überschaubaren Budgets sehr treffsicher in der Ansprache ihrer Kunden zu sein, vor allem auf Webseiten, die stark auf Suchmaschinen-Traffic angewiesen sind.

Mit dem Neuro-Check® für Webseiten hat sie einen ganz eigenen Ansatz entwickelt, Webseiten zu analysieren und Optimierungshebel zu identifizieren.

Foto: Christine Roch, 2016

Ihre persönliche Mission sieht sie darin, ein Bewusstsein dafür zu schaffen, dass Nutzer bevorzugt auf Webseiten kaufen, die sie in einen angenehmen Flow-Zustand bringen. Mit Schillers Neuro-Ansatz lassen sich Usability, Userexperience und Geschäftsergebnisse verbessern. Das zugrunde liegende Prinzip: mentale Ergonomie schaffen oder „einfach nur" die natürlichen Muster unseres Gehirns bedienen.

(↗ https://neuro.works, hallo@neuro.works).

Jörg Schmidt arbeitet als Mediator und Ausbilder für Mediation. Als Trainer für Visualisierung ist er bundesweit in Unternehmen und für Organisationen tätig. Er ist Autor von „Einfach visualisieren" (Junfermann 2016) und Illustrator von Fachliteratur.

E-Mail: JoergSchmidt@einfach-visualisieren.com

Web: ↗ http://www.einfach-visualisieren.com

Ruth Urban, Expertin für Positionierung und dem dazu passenden Marketing. Arbeitet seit 2009 ausschließlich für Coaches, Trainer und Berater und sammelte seitdem Erfahrung aus über 9.300 Beratungsstunden. Sie entwickelte das Best-Practice-Programm für bereits positionierte Coaches und Trainer, das diesem Buch zugrunde liegt (↗ http://www.ruth-urban.de).

Gemeinsam mit Tanja Klein schrieb sie die Bücher „Coach, your Marketing" (Junfermann 2012) und „Erfolg durch Positionierung" (Junfermann 2016). Hier finden Sie mehr zu ihren gemeinsamen Projekten: ↗ http://www.coachyour-marketing.de

Foto: Nancy Ebert, 2015

Wenn Sie nicht gerade arbeitet, beweist Sie, dass Vielleser keine Couch-Potatoes sein müssen…

Literatur

ALLEN, DAVID (2015): *Getting Things Done, The Art of Stress-Free Productivity.* London: Penguin.

ALTMAN, ALEXANDRA (2009): *Gesagt, getan: Business-Strategien und Pläne erfolgreich umsetzen.* München: Redline.

ARIELY, DAN (2012): *Wer denken will, muss fühlen, die heimliche Macht der Unvernunft.* München: Knaur.

BARTENS, WERNER (2017): *Empathie, Weshalb einfühlsame Menschen gesund und glücklich sind.* München: Droemer Knaur.

BAUER, ANNETTE (2017): *Vielbegabt, Tausendsassa, Multitalent?: Achtsame Selbstfürsorge für Scannerpersönlichkeiten.* Paderborn: Junfermann.

BECK, HENNING; ANASTASIADOU, SOFIA & MEYER ZU RECKENDORF, CHRISTOPH (2016): *Faszinierendes Gehirn, Eine bebilderte Reise in die Welt der Nervenzellen.* Berlin, Heidelberg: Springer Spektrum.

BLACKBURN, ELIZABETH & EPEL, ELISSA (2017): *Die Entschlüsselung des Alterns. Der Telomer-Effekt.* München: Mosaik.

BROWN, BRENÉ (2012): Die Gaben der Unvollkommenheit. Lass los, was du glaubst sein zu müssen und umarme, was du bist (*Originaltitel: The Gifts of Imperfection*). Bielefeld: Kamphausen.

BROWN, BRENÉ (2013): Verletzlichkeit macht stark. Wie wir unsere Schutzmechanismen aufgeben und innerlich reich werden (*Originaltitel: Daring Greatly*). München: Kailash.

BROWN, BRENÉ (2016): Laufen lernt man nur durch Hinfallen. Wie wir zu echter innerer Stärke finden (*Originaltitel: Rising Strong*). München: Kailash.

BURCHARD, BRENDON (2012): *The Charge. Activating the 10 Human Drives That Make You Feel Alive.* New York: Free Press.

COVEY, SEAN (2015): *4 Disciplines of Execution: Getting Strategy done.* London: Simon & Schuster.

EDER, ANGELIKA (2017): *Der Akquise-Coach.* Düsseldorf: managerSeminare.

ERICSSON, ANDERS & POOL, ROBERT (2016): *Top. Die neue Wissenschaft vom Lernen.* Ostfildern: Patmos.

FERRIS, TIMOTHY (2015): *Die 4-Stunden-Woche.* Berlin: Ullstein.

HEIMANN, MONIKA & SCHÜTZ, MICHAEL (2017): *Wie Design wirkt. Psychologische Prinzipien erfolgreicher Gestaltung.* Bonn: Rheinwerk.

KAHNEMAN, DANIEL (2014[23]): *Schnelles Denken, langsames Denken.* München: Random House.

KLEIN, TANJA & URBAN, RUTH (2012): *Coach, your Marketing.* Paderborn: Junfermann.

NAHAI, NATHALIE (2017[2]): *Webs of Influence. The Psychology of Online Persuasion* (E-Book). Harlow: Pearson Education.

NEFFINGER, JOHN & KOHUT, MATTHEW (2014): *Compelling People: The Hidden Qualities That Make Us Influential.* London: Piatkus.

RENVOISÉ, PATRICK & MORIN, CHRISTOPH (2007): *Neuromarketing. Understanding the „Buy Buttons" in Your Customer's Brain.* Nashville: Thomas Nelson.

SCHMIDT, JÖRG (2016): *Einfach visualisieren.* Paderborn: Junfermann.

SCHMIDT-TANGER, MARTINA (2009): *Charisma-Coaching: Von der Ausstrahlungs- zur Anziehungskraft. Präsenz für Wesentliches.* Paderborn: Junfermann.

SINEK, SIMON (2011): *Start with Why.* London: Portfolio.

STEINER, VERENA (2005): *Energiekompetenz. Produktiver denken – wirkungsvoller arbeiten – entspannter leben.* Zürich: Pendo.

THALER, RICHARD & SUNSTEIN, CASS (2009): *Nudge. Wie man kluge Entscheidungen anstößt.* Berlin: Econ, Ullstein E-Books.

URBAN, RUTH & KLEIN, TANJA (2016): *Erfolg durch Positionierung.* Paderborn: Junfermann.

WEINSCHENK, SUSAN (2010): *100 Things Every Designer Needs to Know About People* (E-Book). Berkeley: Pearson Education.

YOUNG, INDI (2008): *Mental Models. Aligning Design Strategy with Human Behaviour* (E-Book). New York: Rosenfeld Media.

Dank

Ein Wagnis für mich, ein Buch mit so vielen Autoren. Mit Themen, die ich für die Praxis ausgesucht habe und die am Workshop-Tag im höchsten Maße sowohl interaktiv als auch individuell vermittelt und angewandt werden. Aber mit diesen Menschen und dem Junfermann-Verlag eine ganz wunderbare Erfahrung! Die Art und Weise wie Timelines „gerissen" wurden, sicher einmalig. Und die Diskussionen, die aus den Zeilen erwuchsen, mag ich auch nicht missen. Ich danke euch sehr herzlich. Nicht nur für diesen Beitrag sondern auch für euren Einsatz vor Ort, wenn es mal wieder heißt: Best-Practice-Tag.

Ohne meine Pilotgruppe im Best-Practice-Programm wäre das Buch nicht entstanden. Ob weite Anreisen (von Hamburg über Zürich nach Düsseldorf), kranke Kinder, handfeste Krisen oder glorreiche Erfolge den Tag einläuteten, Ihr habt euch immer darauf eingelassen. Ihr wart Kamerafrau, Komplizin, Freundin, Feedbackgeberin. Es war schön und einmalig, das mit euch zu teilen.

Auch allen, die jetzt gerade dabei sind und starten, gilt mein Dank. Ihr bringt einen besonderen Spirit mit und ich bin dankbar, dass ich mit euch wachsen darf. Lasst uns die Arbeit genießen und immer besser werden – auch für den unwahrscheinlichen Fall, dass die Nervennahrung mal ausgeht …

Dieses Buch ist in einzelnen Kapiteln oder als „mitgetragenes Projekt" durch einige wohlmeinende Hände gegangen. Danken möchte ich besonders: Annette Bauer, Heike Carstensen, Dr. Stephan Dietrich, Karen Hartig, Tanja Klein, Susanne Reinert

Dafür, dass ich nicht verhungert bin und immer wieder Dinge erlebe, die mein Herz höher schlagen lassen, bedanke ich mich bei Peter Urban, Tamara und Thomas Detert. Ihr seid mein Netzwerk für jeden Tag und auch für die ganz besonderen …

In den letzten Monaten ist viel passiert und es lief – vorsichtig gesagt – nicht alles optimal. Ich durfte dabei u. a. lernen (und es ist noch Luft nach oben), operative und mentale Hilfe anzunehmen ohne zu meckern: Danke an Annette, Claire, Karen, Katja, Kerstin, Luzia, Maria und die beiden Tanjas.

Index